Pfeilgiftfrösche der Gattung *Excidobates*

Lebensweise • Haltung • Nachzucht

Sandra Honigs, Marc Meßing & Beate Pelzer

Natur und Tier - Verlag

Für all jene, die sich dem Erhalt der Artenvielfalt verschrieben haben und täglich ihr Bestes geben, um gemeinsam für den Artenschutz zu kämpfen.

Bildnachweis
Titelbild: *Excidobates mysteriosus* Foto: S. Honigs
Hintergrund: Die großen Bromelienbestände an diesem Berghang sind ein perfekter Lebensraum für *Excidobates mysteriosus* (Cajamarca-Region, Peru) Foto: M. Pepper
Rückseite oben: *Excidobates captivus* Foto: B. Wilson
Rückseite unten: Larventragender Marañón-Baumsteiger Foto: T. Ostrowski

ISBN: 978-3-86659-400-5

An der Kleimannbrücke 39/41
48157 Münster
www.ms-verlag.de

Geschäftsführung: Matthias Schmidt
Lektorat: Axel Kwet
Layout: Mirko Barts, Geitje Enterprices LLC
Druck: Alföldi, Debrecen

Inhaltsverzeichnis

Zum Geleit

Die Artenvielfalt (neudeutsch: Biodiversität) zu erhalten, dazu bekennen sich die meisten. Sich solcherart hinter eine gute Sache zu stellen, kostet erst mal nichts. Und erfordert auch kein tieferes Nachdenken darüber, was ein solches Bekenntnis konkret bedeutet.

Doch hier beginnt es dann oft schon problematisch zu werden. Denn Artenschutz, der zwangsläufig langfristig angelegt sein muss, erfordert hier und dort Verzicht auf kurzfristigen Gewinn durch schnelle Ausbeutung und Zerstörung letzter Refugien für bedrohte Arten oder durch die kommerzielle Übernutzung der Arten selbst. Die wirtschaftlichen und materiellen Interessen von uns heute Lebenden müssen dann eben zugunsten der Interessen der zukünftigen Generation etwas zurückstehen. Denn auch unsere Kinder, Enkel und Urenkel sollten wie wir das Recht haben, Artenvielfalt nachhaltig (!) zu nutzen, von ihr zu lernen und zu profitieren und – vor allem – sich an ihr zu erfreuen und sich von ihr inspirieren zu lassen.

Dass somit Artenschutz ganz erheblich eine Frage des Generationenvertrages ist, also eines Interessenausgleichs zwischen den Menschen, die heute leben, und denen, die uns nachfolgen, wird schnell verdrängt, wenn uns der Schutz einer Art hier und heute auch noch so kleine Einschränkungen abverlangt. Gleich ist das Wort zur Hand, dass wir Menschen ja wohl wichtiger seien als das Überleben irgendeiner Tierart. Davon, dass Natur- und Artenschutz eben ganz erheblich eine Frage unserer Verantwortung gegenüber denen ist, die uns nachfolgen, will man dann nichts mehr wissen.

Welche Arten wichtig sind und für die Zukunft erhalten werden sollen, dürfen wir uns eigentlich nicht zu beurteilen anmaßen. Es geht um die ganze unschätzbar kostbare, schöne und erstaunliche Vielfalt des Lebens auf unserem blauen Planeten, die Artenvielfalt an sich. Aber in den Augen der meisten Mitbürger – und leider auch so mancher Marketingstrategen in einigen Naturschutzverbänden oder zoologischen Gärten – sind nur die großen, populären Arten wie Elefanten, Menschenaffen, Tiger, Eisbären usw. relevant. Keine Frage, dies sind allesamt fantastische Lebewesen, aber sie haben schon (glücklicherweise) eine recht große Lobby. Doch was ist mit den 99,9 % der restlichen Artenvielfalt?

Ein wundervoller Anblick: *Excidobates mysteriosus* im Terrarium

Foto: A. Kwet

Zumindest einige dieser Arten werden erhalten, weil sich einzelne Menschen, wie etwa Sandra Honigs, Beate Pelzer und Marc Meßing, die Autoren dieses Buches, mit ganzer Kraft für ihren Schutz einsetzen. Es sind oft diese Einzelnen, die so die Welt verändern. Sandra, Beate und Marc mögen viele Nachahmer finden. Jeder kann was tun!

In diesem Sinne: Es lebe der Marañón-Baumsteiger!

Roland Wirth

Vorwort

Die Gattung *Excidobates* gehört zur großen Amphibiengruppe der Dendrobatoidea oder Baumsteigerartigen, besser bekannt unter dem Populärnamen „Pfeilgiftfrösche". Wurden in den 1960er-Jahren gerade einmal 70 Arten zu den Pfeilgiftfröschen in der Familie Dendrobatidae gezählt, so hat sich ihre Artenzahl bis heute auf über 300 Arten erhöht.

Die Eingruppierung der Tiere in Familien, Unterfamilien und Gattungen ist ständig in Bewegung. Die letzte große Revision der Pfeilgiftfrösche fand 2006 durch Grant et al. statt. Mit solchen umfassenden wissenschaftlichen Untersuchungen sind oft auch Umbenennungen von Arten verbunden. Erst 2008 haben die beiden Herpetologen Twomey & Brown die neue Gattung *Excidobates* beschrieben, zu der sie zwei Arten, den Marañón-Baumsteiger (*E. mysteriosus*) und den Río-Santiago-Baumsteiger (*E. captivus*), stellten. Bei Grant et al. (2006) waren diese beiden Arten noch in unterschiedlichen Gattungen gruppiert, sodass aus *Dendrobates mysteriosus* nun *Excidobates mysteriosus* und aus *Adelphobates captivus* jetzt *Excidobates captivus* wurde. 2012 haben Almendáriz et al. schließlich eine weitere Art ganz neu beschrieben, die sie ebenfalls der Gattung zuordneten: *Excidobates condor*. Das Karussell der Taxonomie ist damit sicher nicht zum Stillstand gekommen, und in Zukunft werden vielleicht noch weitere Arten in dieser Gattung hinzukommen.

Erschreckend ist allerdings die Tatsache, dass *Excidobates mysteriosus* – erst 1990 wiederentdeckt durch den deutschen Biologen Rainer Schulte – laut Weltnaturschutzorganisation (IUCN: International Union for Conservation of Natur) heute zu den bedrohten Arten zählt (Rote-Liste-Kategorie „stark gefährdet"). Der Populationstrend dieser Art wird mit „abnehmend" eingeschätzt, da ihre bekannten Vorkommen in Gebieten liegen, die durch Beweidung oder Plantagenwirtschaft stark genutzt werden, und dadurch der primäre Bergregenwald mit seinen dichten Bromelienbeständen als Lebensraum schwindet. Die Zerstückelung der verbliebenen Habitate und der Klimawandel wirken sich ebenfalls negativ auf die Populationen aus. Des Weiteren bedroht der Hautpilz *Batrachochytrium dendrobatidis*, ein mikroskopischer Töpfchenpilz, weltweit die Amphibien. Er könnte, einmal in den Lebensraum eingetragen, auch vor den letzten freilebenden *Excidobates*-Beständen keinen Halt machen.

Die hübschen, weiß gepunkteten Marañón-Baumsteiger (*Excidobates mysteriosus*) haben in den letzten Jahren immer häufiger Einzug in die Welt der Terrarianer gehalten, leider auch auf zweifelhaften Wegen. Nun sind die Tiere jedoch da und im Handel verfügbar, und so sollte es oberste Priorität sein, diesen Bestand als Grundstock für zahlreiche Nachzuchten zu nutzen, um die Wildbestände zu schützen. Durch die Haltung in Privathand und in zoologischen Einrichtungen werden wichtige Erfahrungen gesammelt und Erkenntnisse zur Fortpflanzungsbiologie gewonnen. Unser Anliegen ist es, mit diesem Buch eine Wissensgrundlage zu schaffen, die dabei helfen soll, die bereits vorhandenen Tiere so optimal wie möglich zu pflegen – und durch kontrollierte Nachzuchten illegal importierte Wildfänge zu verhindern.

Sandra Honigs, Marc Meßing und Beate Pelzer

***Excidobates mysteriosus* sind begehrte Terrarientiere**
Foto: D. Schulten

Systematik und Merkmale der Pfeilgiftfrösche

Die Gattung *Excidobates* mit ihren drei zurzeit bekannten Arten gehört zur Familie Dendrobatidae, die wiederum (zusammen mit der Familie Aromobatidae) der Überfamilie Dendrobatoidae (Baumsteigerartige) zugeordnet wird. Im deutschsprachigen Raum wird landläufig auch von Pfeilgiftfröschen im weiteren Sinn gesprochen, obwohl die Vertreter der Aromobatidae gar nicht giftig sind.

Die aktuell (Stand: August 2017, siehe Frost 2017) 306 bekannten Arten der Überfamilie Dendrobatoidae untergliedern sich in die beiden Familien der Aromobatidae (drei Unterfamilien: Allobatinae [eine Gattung, 52 Arten], Anomaloglossinae [zwei Gattungen, 33 Arten] und Aromobatinae [zwei Gattungen, 37 Arten]) sowie Dendrobatidae (drei Unterfamilien: Colostethinae [vier Gattungen, 68 Arten], Dendrobatinae [acht Gattungen, 57 Arten] und Hyloxalinae [eine Gattung, 59 Arten]).

Dendrobates tinctorius wurde bereits 1797 als *Rana tinctoria* beschrieben
Foto: S. Honigs

Die Geschichte der Dendrobatoidea und ihrer systematischen Zuordnung hat im Jahre 1797 mit der Erstbeschreibung von *Rana tinctoria* durch Cuvier begonnen. Die Namensgebung zeigt, dass der uns heute als *Dendrobates tinctorius* bekannte Färberfrosch (inklusive seiner Farbvariante Blauer Pfeilgiftfrosch) ursprünglich in der Gattung *Rana* (also in der Familie der Echten Frösche) beschrieben wurde und danach mehrfach in andere Gattungen gestellt beziehungsweise systematisch „herumgereicht“ wurde. Die heute für den Färberfrosch gültige Gattung *Dendrobates* (Baumsteiger) wurde erst 1830 von Wagler aufgestellt, und den Familiennamen Dendrobatidae für die Baumsteigerfrösche prägte erstmals Cope 1865.

Als Beispiel für diesen taxonomischen Wandel im Rahmen der systematischen Eingruppierung einer Froschart, die auch terraristisch von großer Bedeutung ist (Eisenberg 2005; Wagner 2008), seien hier die wichtigsten Synonyme von *Dendrobates tinctorius* (Cuvier, 1797) – zugleich Typusart der Gattung *Dendrobates* – in ihrer zeitlichen Abfolge aufgeführt. Ist der Name des beschreibenden Autors der Art und das Publikationsjahr der Veröffentlichung in Klammern gesetzt, weist dies darauf hin, dass die Artbeschreibung nicht in der heute gültigen Gattung (in dem Fall *Dendrobates*) vorgenommen wurde, sondern in einer anderen Gattung (hier eben *Rana*).

Färberfrosch – *Dendrobates tinctorius* (CUVIER, 1797)

Synonyme: *Rana tinctoria* CUVIER, 1797; *Calamita tinctorius* SCHNEIDER, 1799; *Hyla tinctoria* DAUDIN, 1800; *Rana tinctoria* SHAW, 1802; *Calamita tinctorius* MERREM, 1820; *Hylaplesia tinctoria* BOIE in SCHLEGEL, 1826; *Dendrobates tinctorius* WAGLER, 1830; *Dendrobates tinctorius* var. *daudini* STEINDACHNER, 1864; *Dendrobates machadoi* BOKERMANN, 1958; *Dendrobates azureus* HOOGMOED, 1969; *Dendrobates tinctorium* SILVERSTONE, 1975.

Auch ein stark verkürzter Überblick über die Geschichte der Systematik der Pfeilgiftfrösche würde den für dieses Buch zur Verfügung stehenden Raum bei Weitem sprengen. Forschungsarbeiten der neueren Zeit fassen aber wichtige phylogenetische (stammesgeschichtliche) Resultate zusammen und wurden zum Beispiel von CLOUGH & SUMMERS (2000), VENCES et al. (2000, 2003), SYMULA et al. (2003) oder ROBERTS et al. (2006) publiziert. Für eine Vertiefung der verwandtschaftlichen Verhältnisse sind unter anderem diese Veröffentlichungen zu empfehlen sowie vor allem natürlich die bahnbrechende Studie von GRANT et al. (2006) mit der Beschreibung mehrerer neuer Taxa auf Familien- und Unterfamilienniveau. Nach dieser Arbeit – ergänzt durch die beiden später beschriebenen Gattungen *Excidobates* TWOMEY & BROWN 2008 und *Andinobates* TWOMEY, BROWN, AMÉZQUITA & MEJÍA-VARGAS, 2011 – richtet sich die Taxonomie der Pfeilgiftfrösche heute weitestgehend.

Demnach untergliedern sich die Pfeilgiftfrösche (Überfamilie Dendrobatoidea) wie folgt:

Familie Aromobatidae GRANT et al. 2006
- Unterfamilie Anomaloglossinae GRANT et al. 2006
  - Gattung *Anomaloglossus* GRANT et al. 2006
  - Gattung *Rheobates* GRANT et al. 2006
- Unterfamilie Aromobatinae GRANT et al. 2006
  - Gattung *Aromobates* MYERS, PAOLILLO & DALY, 1991
  - Gattung *Mannophryne* LA MARCA, 1992
- Unterfamilie Allobatinae GRANT et al. 2006
  - Gattung *Allobates* ZIMMERMANN & ZIMMERMANN, 1988

Familie Dendrobatidae COPE, 1865
- Unterfamilie Colostethinae COPE, 1867
  - Gattung *Ameerega* BAUER, 1986
  - Gattung *Colostethus* COPE, 1867
  - Gattung *Epipedobates* MYERS, 1987
  - Gattung *Silverstoneia* GRANT et al. 2006
- Unterfamilie Hyloxalinae GRANT et al. 2006
  - Gattung *Hyloxalus* Jiménez DE LA ESPADA, 1871
- Unterfamilie Dendrobatinae COPE, 1865
  - Gattung *Adelphobates* GRANT et al. 2006
  - Gattung *Andinobates* TWOMEY et al., 2011
  - Gattung *Dendrobates* WAGLER, 1830
  - Gattung *Excidobates* TWOMEY & BROWN, 2008
  - Gattung *Minyobates* MYERS, 1987
  - Gattung *Oophaga* BAUER, 1994
  - Gattung *Phyllobates* DUMÉRIL & BIBRON, 1841
  - Gattung *Ranitomeya* BAUER, 1988

Kennzeichnend für alle Dendrobatoidea sind unter anderem die Ausprägung der auf den Innenseiten der Finger und Zehen sowie auf den Hand- beziehungsweise Fußflächen

1864 als *Dendrobates* beschrieben, 2006 in eine neue Gattung gestellt wurde *Adelphobates galactonotus*
Foto: S. Honigs

Eine seltene Schönheit: *Oophaga lehmanni* aus Kolumbien, ehemals *Dendrobates lehmanni* Foto: M. Juschka

Oophaga sylvatica in der Farbvariante „San Juan“ Foto: B. Pelzer

Die Gattung *Oophaga* beinhaltet wunderschön gefärbte Arten wie *Oophaga sylvatica* in Rot mit schwarz-weißen Beinen und Füßen Foto: B. Pelzer

Manches Farbkleid dient auch der Tarnung, hier ein Jungtier von *Oophaga sylvatica* Foto: B. Pelzer

Die sehr kleinen *Oophaga pumilio* gibt es in zahlreichen Farbvarianten Foto: S. Honigs

Jungtier von *Oophaga sylvatica* „white leg“ Foto: D. Schulten

befindlichen dicken „Hautpolster“ und Tuberkel. Das Auftreten oder Fehlen der für Pfeilgiftfrösche namensgebenden Hautgifte ist dagegen extrem variabel und spielt als Merkmal zur taxonomischen Einteilung oder bei der Artdifferenzierung keine Rolle.

Pfeilgiftfrösche sind bis auf wenige Ausnahmen wie *Aromobates nocturnus* tagaktive Frösche mit Körperlängen zwischen 15 und 40 mm, die an Wasserläufen, in feuchten Wäldern oder auch auf offenem Gelände vorkommen. Pfeilgiftfrösche leben nur selten aquatisch (wiederum *A. nocturnus*), meist terrestrisch am Boden oder auch arboreal (auf Bäumen und Büschen lebend). Ihr Verbreitungsgebiet reicht von Nicaragua und den Französischen Antillen im Norden bis nach Bolivien im Süden und von den atlantischen Regenwäldern Ostbrasiliens bis zur Pazifikküste des westlichen Südamerikas.

Soweit bekannt setzen alle Dendrobatiden ihre Eigelege auf feuchtem Pflanzenbewuchs am Boden oder an einem sogenannten Phytotelma (Kleinstgewässer, das sich innerhalb der Blattachseln lebender Landpflanzen wie Bromelien bildet; der Plural lautet Phytotelmata) ab; viele Arten betreiben Brutpflege. Die elterliche Fürsorge gilt meist nicht nur den Eiern, sondern auch den frisch geschlüpften Larven, die per Huckepack in Kleinstgewässer, oftmals in Pflanzentrichtern und ähnlichen Phytotelmata, trans-

Der Azurblaue Baumsteiger (*Dendrobates tinctorius* „azureus“) ist ein beliebter Terrarienpflegling
Foto: A. Kwet

Phyllobates terribilis in Perlmuttgrün (Variante „La brea“)
Foto: D. Schulten

portiert werden. Dabei ist es von Art zu Art unterschiedlich, ob das Weibchen oder das Männchen die Kaulquappen trägt. Bei einigen Arten werden die Kaulquappen zudem noch regelmäßig vom Weibchen mit unbefruchteten Nähreiern versorgt.

Innerhalb der Dendrobatoidea finden sich sowohl kryptische (zur besseren Tarnung unauffällig gefärbt) als auch aposematische Arten (zur Fressfeindabschreckung auffällig gezeichnet). Neuere genetische Untersuchungen lassen vermuten, dass sich das Auftreten von alkaloiden Hautgiften und auffälliger Färbung als sogenannte Konvergenz mehrfach parallel in verschiedenen Gruppen entwickelt hat. Überwiegend kryptisch gefärbt sind die Vertreter der Gattungen *Aromobates, Mannophryne* und *Nephelobates*, während die Arten der Gattungen *Allobates, Cryptophyllobates, Dendrobates, Epipedobates* und *Phyllobates* meist aposematisch gezeichnet sind. In der Gattung *Colostethus* sind sowohl aposematische als auch kryptische Vertreter zu finden. Der Aposematismus ist im Fall von *C. inguinalis* mit dem Hautgift Tetrodotoxin, einem schwer wasserlöslichen Alkaloid, verbunden (Daly et al. 1994b). Interessanterweise hat sich die aposematische Färbung aber auch unabhängig von der Toxizität der Tiere entwickelt, wahrscheinlich aufgrund von Selektionsmechanismen, bedingt durch die sogenannte Müllersche Mimikry. Hierunter versteht man die farbliche Nachahmung von zwei oder mehr giftigen beziehungsweise ungenießbaren Tierarten im selben Lebensraum zum Schutz vor gemeinsamen Fressfeinden.

Excidobates condor zählt durch seine dunkle Grundfärbung – *E. mysteriosus* zudem durch helle Flecken, die eine Gestaltauflösung (Somatolyse) bewirken – zu den kryptischen Arten, während *E. captivus* mit seiner schwarz-rot-gelben Färbung wohl eher auf Warnen setzt. Es liegen allerdings noch keine genauen Informationen zu den spezifischen Hautgiften in dieser Gattung vor.

Das Gift

Der deutsche Populärname „Pfeilgiftfrösche" weist auf die Tatsache hin, dass einige der oft bunten und sehr vielfältig gefärbten Frösche dieser Gruppe über starke alkaloide (basische Stickstoffverbindungen) Hautgifte verfügen, die sie über ihre Futtertiere aufnehmen, zum Teil im Körper konzentrieren und dort speichern. Diese Gifte, die der gesamten Froschgruppe den Namen einbrachten, werden über Giftdrüsen in der Haut, sogenannte Körnerdrüsen, als Sekrete abgegeben. Das indigene Volk der Emberá-Chocó in Kolumbien benutzt speziell das Gift der drei Arten *Phyllobates terribilis, P. aurotaenia* und *P. bicolor*, um die für die Jagd eingesetzten Blasrohrpfeile durch Reiben auf dem Rücken der Frösche zu vergiften.

Eine breit angelegte Studie von Daly et al. (1987) stieß auf über 450 teils hydrophile, meist lipophile Alkaloide aus mindestens 24 Strukturklassen, und die Anzahl der neu erforschten Dendrobatidengifte steigt ständig; bisher wurden weit über 800 Alkaloide aus diesen Fröschen isoliert (Mebs 2010). Dabei zeigen nicht alle Arten der Dendrobatoidea gleich starke Hautgifte, sondern es treten sehr unterschiedliche Giftzusammensetzungen und bei vielen Vertretern auch gar keine Hautalkaloide auf. So fehlt ein Nachweis solcher Substanzen bei den meisten Aromobatiden sowie bei vielen Arten der Gattungen *Colostethus, Hyloxalus* und *Silverstoneia*. Nachgewiesen wurden lipophile Alkaloide aber zum Beispiel bei den Gattungen *Phyllobates, Dendrobates, Epipedobates* und *Minyobates*. Da für viele Arten bisher kaum Daten vorliegen, bleibt hier allerdings noch viel Forschungsarbeit.

Bei den Hautgiften der Pfeilgiftfrösche handelt es sich in der Regel nicht um eine einzelne Substanz, aus der das jeweils artspezifische Gift besteht, sondern um einen Cocktail aus verschiedenen Alkaloiden. Die Namen der Strukturklassen sind meist in der Pluralform

LD50-Wert

Mit LD (letale Dosis) wird in der Toxikologie (Lehre von den Giftstoffen) die Dosis eines Wirkstoffes bezeichnet, die auf eine Population bestimmter Lebewesen letal (tödlich) wirkt. Der jeweilige Wert wird durch Tierversuche ermittelt. In der Regel wird hier aber nicht die absolut (100 %) tödliche Dosis angegeben (LD), sondern die Dosis, bei der 50 % einer Population in einer festgesetzten Zeiteinheit stirbt (LD50). Die Angabe der Dosis erfolgt meist in g, mg oder µg Substanz pro kg Körpergewicht.

Phyllobates terribilis **gilt gemeinhin als das giftigste Amphib der Welt**
Foto: B. Pelzer

angelegt, da sie jeweils eine ganze Gruppe von ähnlich strukturierten und voneinander abgeleiteten Alkaloiden umfassen. Zu den wichtigsten Strukturklassen zählen neben dem starken Nervengift Tetrodotoxin, das die Natriumkanäle der Nervenzellen wie ein Korken verschließt und damit die Fortleitung der Impulse verhindert, folgende Alkaloide:

Batrachotoxin und seine Derivate gehören zu den giftigsten unter den natürlich vorkommenden alkaloiden Wirkstoffen und treten als Hautgifte vor allem in der Gattung *Phyllobates* auf; sie wurden aber zum Beispiel auch bei Käfern der Gattung *Choresine* (Familie Melyridae) in Neuguinea gefunden, welche die Alkaloide wiederum mit ihrer pflanzlichen Nahrung aufnehmen. Verwandte Käfer und andere Insekten in Südamerika könnten als Beutetiere und Batrachotoxin-Lieferanten der Pfeilgiftfrösche eine wichtige Rolle spielen. Die Wirkungsweise von Batrachotoxin beruht auf einer anhaltenden Depolarisation von Muskel- und Nervenzellen des peripheren Nervensystems durch die selektive Öffnung der Natriumkanäle, was beim Angreifer zur Dauererregung und damit Lähmung der Muskulatur einschließlich Herzstillstand führt. Innerhalb der Gattung *Phyllobates* haben allerdings nur drei Arten einen so hohen Level an Batrachotoxin in der Froschhaut, dass sie den Indigenen als Pfeilgiftlieferanten dienen, nämlich *P. terribilis* (500–1.000 µg/Froschhaut), *P. bicolor* (100–200 µg/Froschhaut), *P. aurotaenia* (100–200 µg/Froschhaut). Die tödliche Giftdosis für Mäuse (LD50) liegt bei lediglich 0,1 µg/Maus!

Histrionicotoxine stellen die Hauptkomponenten im Cocktail der Hautgifte einiger anderer Dendrobatiden dar. Bis 2005 waren mindestens 16 Alkaloide dieser Strukturklasse identifiziert, für deren Namengebung die für die ersten Untersuchungen genutzte Art *Oophaga histrionica* verantwortlich ist. Histrionicotoxine, bei denen man Ameisen als Alkaloid-Lieferanten vermutet, erreichen zwar ebenfalls hohe Konzentrationen von 200 µg/Froschhaut, stellen jedoch ein relativ schwaches Gift dar. Selbst eine sehr hohe Dosis von 1.000 µg dieser Substanz wirkt bei Mäusen nicht tödlich. Allerdings schreckt das Gift Fressfeinde ab, da es extrem bitter schmeckt. Bei den Arten der Gattung *Excidobates* ist diesbezüglich noch keine Untersuchung erfolgt, doch scheint es wahrscheinlich, dass sie ebenfalls Histrionicotoxine in der Haut besitzen.

Auch der Goldstreifen-Blattsteiger (*Phyllobates aurotaenia*) gehört zu den giftigsten Fröschen der Welt
Foto: A. Kwet

Pumiliotoxine und **Allopumiliotoxine** wurden als wichtigste Alkaloide in den Hautsekreten von *Oophaga pumilio* beschrieben, aber auch bei Vertretern anderer Gattungen wie *Phyllobates*, *Dendrobates*, *Epipedobates* und *Minyobates*. Aktuell sind über 30 Pumiliotoxine und um die 20 Allopumiliotoxine bekannt. Aufgenommen werden diese Alkaloide unter anderem über Ameisen der beiden Gattungen *Brachymyrmex* und *Paratrechina*, außerdem sind Milben als Ursprung zu vermuten, die ebenfalls zur Beute dieser Frösche zählen. Bei einigen Dendrobatiden konnte ferner nachgewiesen werden, dass ein bestimmtes Pumiliotoxin (251D) durch 7-Hydroxylase konvertiert wird und seine Giftigkeit so bis zum Fünffachen des ursprünglichen Wertes steigern kann (Daly et al. 2003). Dies ist ein gutes Beispiel dafür, wie sich ein über die Nahrung aufgenommenes Alkaloid metabolisch durch den Frosch verändern kann. Die Konzentration der Alkaloide dieser Strukturklasse im Froschsekret ist sehr unterschiedlich und schwankt meist zwischen 50 und 200 µg/Froschhaut. Die tödliche Dosis einiger hochwirksamer Pumiliotoxine liegt bei LD50 = 50 µg/Maus, andere Vertreter sind aber viel weniger toxisch. Auch diese Alkaloide verlängern die Öffnungszeit der Natriumkanäle der neuronalen Zellen und wirken unter anderem herzschädigend, da unter ihrer Einwirkung zu viel Inositol-Triphosphat in die Herzmuskelzellen eindringen kann.

Ein weiteres Alkaloid soll hier aufgrund seiner schmerzlindernden Wirkung noch Erwähnung finden, das Pyridin-Alkaloid **Epibatidin**, das bisher ausschließlich für die Gattung *Epipedobates* (ursprünglich bei *E. tricolor*) nachgewiesen wurde. Noch liegen keine genauen Daten vor, doch wird angenommen, dass auch dieses nicotinähnliche Alkaloid über die Nahrungskette von Pflanzen über bestimmte Gliederfüßer als Beute in die Haut der Frösche gelangt. Die tödliche Dosis (LD50) dieses Gifts beträgt etwa 0,4 µg/Maus, und die analgetische (schmerzstillende) Wirkung durch Aktivierung des Nicotin- beziehungsweise Acetylcholin-Rezeptors ist 200-fach höher als bei Morphin, das an Opiat-Rezeptoren angreift.

Alkaloide waren bis zu ihrer Entdeckung bei den Pfeilgiftfröschen nur als Pflanzengifte bekannt. Dass Frösche die Alkaloide über ihre Futtertiere aufnehmen – als Lieferanten wurden verschiedene Ameisenarten, aber auch Milben oder Käfer der Familie Coccinellidae (zu denen unser einheimischer Marienkäfer gehört) identifiziert –, konnte unter anderem Daly mit seiner Arbeitsgruppe nachweisen und später bestätigen (Daly et al. 1994a, 1997, 2005). Die Wissenschaftler hatten in Terrarien gehaltene *Dendrobates auratus*, die über einen längeren Zeitraum mit flügellosen Fruchtfliegen gefüttert wurden, auf ihren Gehalt an Alkaloiden untersucht und festgestellt, dass den Tieren diese Substanzen im Hautsekret nun fehlten. Erst als die Frösche mit Wiesenplankton aus dem Freiland gefüttert wurden, konnten die Forscher wieder Alkaloide in der Haut nachweisen. Die Frösche sind also nicht in der Lage, diese Substanzen selbst zu synthetisieren, sondern müssen sie über ihre Nahrung aufnehmen. Dies bedeutet für Dendrobatiden-Halter, die ihre Tiere in Deutschland mit den hier verfügbaren Futtertieren wie Mikrogrillen, Fruchtfliegen, Springschwänzen und tropischen Asseln füttern, einen vollständigen Verlust der Giftigkeit ihrer Pfleglinge.

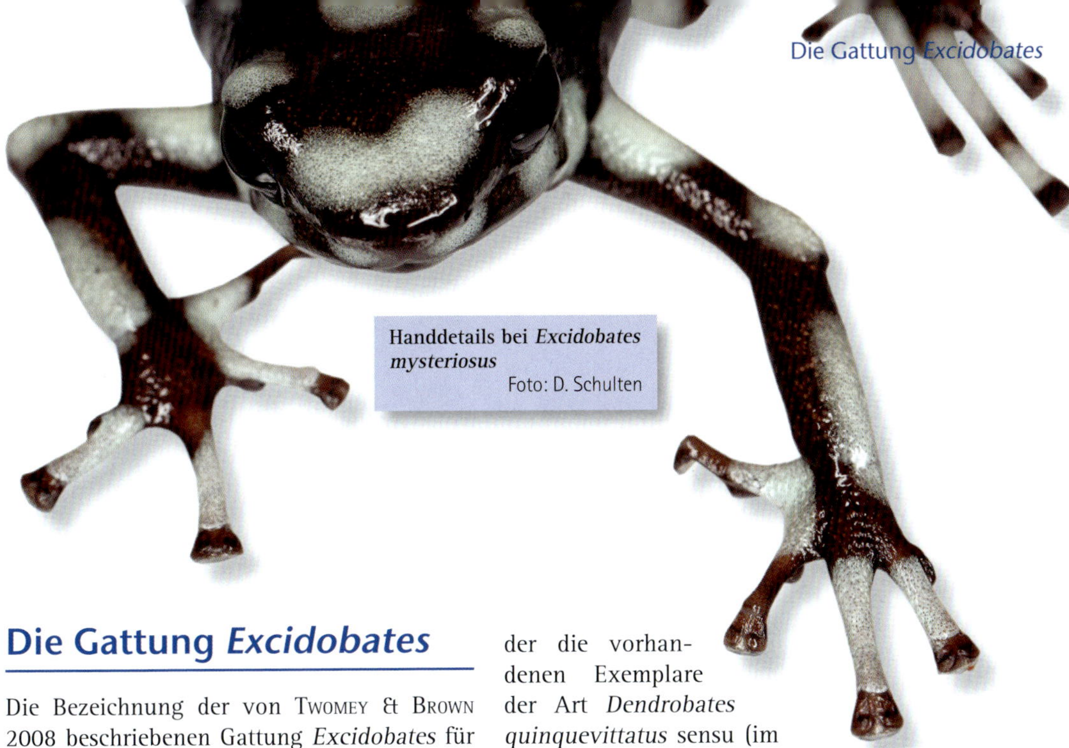

Handdetails bei *Excidobates mysteriosus*
Foto: D. Schulten

Die Gattung *Excidobates*

Die Bezeichnung der von Twomey & Brown 2008 beschriebenen Gattung *Excidobates* für die drei Arten *E. captivus*, *E. condor* und *E. mysteriosus* setzt sich aus dem lateinischen Wort „*excido*“ (entfallen, vergessen) und dem griechischen Begriff „*bates*“ (Wanderer, Läufer) zusammen. Der Name soll auf die wissenschaftliche Geschichte dieser Gattung verweisen, denn „*bates*“ nimmt nicht nur Bezug auf die Fortbewegungsart der Frösche, sondern auch auf die „Wanderschaft“ der Arten zwischen Gattungen, während „*excido*“ auf die weit zurückliegende, lange vergessene Entdeckung verweist.

Tatsächlich wurden die ersten Individuen von *Excidobates mysteriosus* und *E. captivus* bereits 1924 beziehungsweise 1929 von dem amerikanischen Geologen Harvey Bassler in Peru gesammelt (drei Exemplare von *E. captivus* am Río Santiago, ein Exemplar von *E. mysteriosus* am Río Marañón). Allerdings gerieten die unbeschriebenen Belegtiere in dessen Privatsammlung und später in der Amphibiensammlung des American Museum of Natural History (AMNH) zunächst in Vergessenheit. Große Teile dieser Kollektion wurden 1975 von Silverstone durchgesehen, der die vorhandenen Exemplare der Art *Dendrobates quinquevittatus* sensu (im Sinne von) Silverstone (1975) zuordnete. Erst 1982 wurden die Individuen durch Myers erneut bearbeitet und wissenschaftlich beschrieben – und sind damit als zwei eigene Arten in der Familie *Dendrobates* anerkannt. Lebende Exemplare waren bis zu diesem Zeitpunkt allerdings nicht wieder beobachtet worden. Dies gelang für den Marañón-Baumsteiger erst 1989 dem deutschen Biologen Rainer Schulte und für den Río-Santiago-Baumsteiger 2006 den beiden Herpetologen Twomey & Brown – also 60 beziehungsweise 77 Jahre nach den ersten Funden durch Bassler!

Schulte (1990) beschrieb also erstmals lebende Tiere des Marañón-Baumsteigers (noch als *Dendrobates mysteriosus*) und separierte die Art von der *quinquevittatus*-Gruppe. Er hielt sie nicht näher mit *D. captivus* verwandt, wie es noch Myers 1982 postuliert hatte, sondern stellte sie aufgrund verschiedener Kriterien in die engere Verwandtschaft von *D. histrionicus* (heute *Oophaga histrionica*). Zu den Merkmalen (von denen für diese Gruppe aber keines einzigartig ist) zählten die Kör-

Excidobates captivus
Foto: B. Wilson

Larventragender Marañón-Baumsteiger
Foto: T. Ostrowski

pergröße, das Fehlen des Omosternums (Teil des Brustbeins), das Auftreten von runden Flecken auf dunklem Hintergrund, die Reproduktionsbiologie mit einer relativ hohen Anzahl an kleinen Eiern sowie eine ähnliche Frequenz der Anzeigerufe (allerdings erfolgte kein genauer Vergleich der bioakustischen Parameter).

Nach Twomey & Brown (2008), den beiden Beschreibern der neuen Gattung

Excidobates, sind folgende Merkmale charakteristisch für die Gruppe: Es sind keine dorsolateralen (seitlich am Rücken gelegenen) Linien als Muster erkennbar. An der Kehle und den ventralen Seiten der Oberschenkel sind helle Flecken vorhanden; oftmals befinden sich helle Flecken auch an den dorsolateralen Ansatzstellen der Extremitäten und oberhalb der Augenlider. Der Kopf ist etwas schmaler als der Körper. Der erste Finger ist gut ausgebildet, aber kürzer als der zweite. Die Formel der Finger lautet III > IV > II > I, die der Zehen IV > III > V > II > I. Die Zunge ist eiförmig, Zähne sind nicht vorhanden. Männchen besitzen eine kehlständige, nur schwach erkennbare Schallblase sowie zwei Stimmritzen (schlitzförmige Öffnungen am Mundboden links und rechts neben der Zunge, die eine Verbindung der Mundhöhle zur Schallblase darstellen).

Eine von Almendáriz et al. 2012 beschriebene dritte *Excidobates*-Art wird aufgrund der genetischen Befunde ebenfalls dieser Gattung zugeordnet, obwohl sie in vielen Punkten die oben genannten morphologischen Kriterien nicht erfüllt. So weist *E. condor* kein dorsales Fleckenmuster auf, Kehlfleck und Oberschenkelflecken fehlen ebenfalls, und der Kopf ist gleich breit wie der Körper. Immerhin ist die Fingerformel gleich, und auch bei dieser Art ist der erste Finger gut ausgebildet, obgleich deutlich kürzer als der zweite Finger. Wie die genetischen Untersuchungen zeigen, ist die Gattung *Excidobates* die (eng verwandte) Schwestergruppe der Gattung *Ranitomeya*.

Porträt eines *Excidobates mysteriosus* Foto: B. Pelzer

Artenporträts

Río-Santiago-Baumsteiger

Excidobates captivus (Myers, 1982)
Synonyme: *Dendrobates quinquevittatus* (non Steindachner, 1864; partim [= teils] Silverstone, 1975); *Dendrobates captivus* Myers, 1982; *Ranitomeya captiva* Bauer, 1988; *Adelphobates captivus* Grant et al., 2006; *Excidobates captivus* Twomey & Brown, 2008
Englischer Name: Río Santiago Poison Frog
Spanischer Name: Rana Venenosa
Wissenswertes: Während der Expedition von Harvey Bassler, der die Typusexemplare dieser Art im Jahre 1924 gesammelt hat, war es zu kriegerischen Auseinandersetzungen zwischen den indigenen Stämmen der Aguaruna und der Huambisa gekommen. Am Fundort des Holotypus hatte Bassler beobachtet, wie die Aguaruna zwei Huambisa-Krieger gefangen nahmen und gefesselt in ihren Kanus verschleppten. Der später gewählte Artname „*captivus*" leitet sich vom lateinischen Wort „captare" (fangen, ergreifen) ab und bezieht sich auf diese Gefangennahme.

Verbreitung von *Excidobates captivus*

Ecuador

Peru

Bedrohung und Schutz: Laut Roter Liste der IUCN ist die Art aktuell nicht gefährdet („least concern"), ihr Populationstrend nach heutigem Wissenstand stabil. Da die abgelegenen Talgebiete, in denen *E. captivus* beheimatet ist, land- und forstwirtschaftlich nur wenig entwickelt sind und somit keine akute Gefahr durch Habitatzerstörung besteht, wird die Bedrohungslage für diese Art momentan als relativ gering eingeschätzt. Twomey & Brown (2008) haben ihre Fundtiere inklusive der Kaulquappen bei ihrer Expedition in den Lebensraum von *E. captivus* auch auf einen möglichen, meist tödlich verlaufenden Befall durch den Hautpilz *Batrachochytrium dendrobatidis* untersucht; es bestand aber weder bei den Larven noch bei den adulten Fröschen Anlass zur Sorge, denn alle Proben waren negativ. Eine andere Form der Bedrohung sind allerdings – wie bei vielen Pfeilgiftfroscharten – der illegale Wildfang und Schmuggel lebender Tiere. Alle Arten von *Excidobates* sind im Cites-Anhang II (März 2016) gelistet, dennoch gerieten 2008 geschmuggelte *E. captivus* über den Handel nach Deutschland. Es gibt für Wildfänge dieser Art keine legalen Handelswege, und wir dürfen die Wilderei nicht durch den Kauf solcher Tiere unterstützen.
Vorkommen und Habitat: *Excidobates captivus* kommt im Nordwesten Perus vor, wo man die Art in den schwer zugänglichen, feuchten Tieflandtälern zwischen der Cordillera del Cóndor und den Bergen der Cerros de Campanquis findet. In diesem Gebiet leben die Ethnien der Aguaruna und Huambasi bis heute und bekriegen sich teil-

weise noch immer, auch wenn die peruanische Regierung natürlich versucht, solche Stammesfehden zu unterbinden. Ein weiterer Fundort liegt im südlichen Ecuador auf 800 m ü. NN bei Panguintza, und es ist anzunehmen, dass die Art etwas weiter verbreitet ist als die spärlichen Funde bislang annehmen lassen.

Die bisher bekannten Fundorte lassen ein Vorkommen der Art in Peru auf einer Höhe von 200–400 m ü. NN vermuten, wobei es im Bereich der Cordillera del Cóndor eventuell noch vereinzelte Populationen in größeren Höhen gibt, ähnlich wie in Ecuador. Neben Bäumen prägen Moose und zahlreiche Epiphyten das Bild im natürlichen Lebensraum. Da das Tal des Río Santiago so unzugänglich und abgeschieden ist, herrscht dort noch weitgehend intakter, primärer Tieflandregenwald vor. Klimatisch findet im Gebiet ein deutlicher Wechsel von Regen- und Trockenzeit statt; die Regenzeit dauert etwa von November bis März und geht dann in die Trockenzeit über, die im Oktober wieder endet.

***Excidobates captivus* zeigt individuell sehr unterschiedlich ausgeprägte Muster**
Foto: M. Pepper

Der Holotypus (AMNH 42.963, H. Bassler no. 316; adultes Männchen), den Harvey Bassler 1929 im Department Amazonas, Peru, gesammelt hat, stammt vermutlich vom nördlichen Ufer des Río Marañón in Höhe der Einmündung des Río Santiago nahe dem Pongo de Manseriche (eine Schlucht, die den Río Marañón von 750 m Breite auf 120 m verengt); das südliche Ufergebiet gehört den kriegerischen Aguaruna, die für die Herstellung von Schrumpfköpfen berüchtigt waren. Die Paratypen entstammen demselben Gebiet (AMNH 42.970, H. Bassler no. 426, August 1929, adultes Männchen und AMNH 43.491, H. Bassler no. 902, Oktober 1924, Weibchen).

Die von Twomey & Brown wiederentdeckten und auch gesammelten Frösche (MUSM 24.931–24.934, von 26.–28. Juni 2006) stammen überwiegend aus einem begrenzten Areal am südlichen Flussufer des Río Marañón, östlich und westlich des Río Santiago. Lediglich ein mündlicher Nachweis durch Einheimische wurde auch vom nördlichen Ufer des Río Marañón (östlich des Río Santiago) bekannt. Die Fundorte lagen in Höhen von 177–400 m ü. NN. Mark Pepper (mdl. Mittlg.) berichtete 2007 im Gespräch mit Twomey & Brown außerdem von einer Population, die er 20 km nordöstlich von Santa Rosa in höheren Regionen der Cordillera del Cóndor entdeckt habe. Weitere Nachforschungen entlang der westlichen und östlichen Uferbereiche

Der Lebensraum von *Excidobates captivus* im westlichen Amazonasgebiet von Peru
Fotos: M. Pepper

des Río Santiago ergaben keine weiteren Vorkommen dieser Art. Es findet sich aber auch nur im Tieflandwald des Santiago-Tals eine große Fülle an Bromelien und epiphytischen Moosen, die den bevorzugten Lebensraum von *E. captivus* darstellen. Auffällig häufig sind hier Heliconien zu finden, große immergrüne krautige Pflanzen, deren Blattachseln für den Frosch ideale Laichplätze darstellen. Heliconien sind ebenso wie die zahlreichen Epiphyten (Aufsitzerpflanzen) und Moose ein Indikator für die hohen Niederschläge dieser Region. Für die Wälder östlich der Cerros de Campanquis trifft das nicht mehr zu, sie sind vergleichsweise arm an solchen Pflanzen.

Ein weiteres Vorkommen von *E. captivus* wurde zudem 2011 aus dem Süden Ecuadors, in der Nähe von Panguintza (Provinz Zamora-Chinchipe) auf etwa 800 m ü. NN, von E. Twomey (mdl. Mittlg.) berichtet.

Größe und Aussehen: Der Río-Santiago-Baumsteiger gehört mit einer Körperlänge von 15–17 mm zu den kleinsten Dendrobatiden, wobei das Männchen (15–16 mm) in der Regel noch etwas kleiner als das Weibchen (16–17 mm) ist. Der Kopf ist ein wenig schmaler als der Körper (90–97 % der breitesten Körperstelle). Die Frösche haben keine Bezahnung, die Männchen besitzen Stimmritzen und eine flache, kehlständige (subgulare) Schallblase. Die Schnauze ist zur Front hin abfallend und in Seitenansicht abgerundet. Die Nasenlöcher sind auf der Spitze der Schnauze so positioniert, dass sie von vorne und von unten gesehen werden können, nicht aber von oben. Das Tympanum (äußeres Trommelfell, Abdeckung des inneren Gehörorgans) ist kreisförmig, teilweise verdeckt. Die Hände sind mit 2,9–3,2 mm Länge recht klein; bei der ähnlich großen *Ranitomeya uakarii* mit einer durchschnittlichen Körperlänge von 15,4 mm messen die Hände 3,8 mm.

Die relative Länge der vier Finger zueinander verhält sich wie folgt: III > IV ≥ II > I. Die Länge des I. Fingers entspricht etwa drei Vierteln der Länge des II. Fingers. Die Fingerspitzen sind, mit Ausnahme des I. Fingers, alle zu Haftscheiben verbreitert (bis zu 2,3-fach breiter). An der mittleren Basis der Handinnenfläche befinden sich außen ein runder Tuberkel, ein weiterer kleinerer Tuberkel an der Basis des I. Fingers und 1–2 Tuberkel an den weiteren Fingergelenken.

Biegt man die Hinterbeine seitlich nach vorne zum Kopf, so erreichen die Fersengelenke die Augen. Die Länge der Zehen zueinander verhält sich wie folgt: IV > III > V > II > I. Die I. Zehe trägt nur eine geringfügig breitere Haftscheibe, während die Haftscheiben der Zehen II–IV deutlich verbreitert sind. Auch auf den Zehen sind Tuberkel zu finden: je einer auf den Zehen I und II, zwei auf den Zehen III und V sowie drei auf Zehe IV; diese Tuberkel sind relativ schwach ausgebildet.

Sowohl an den Händen als auch Füßen fehlen Spannhäute. Die Haut an den Flanken und auf der Bauchseite ist glatt, auf dem Rücken und auf den dorsalen Beinflächen hingegen fein granuliert.

Oberseits zeigen die Tiere auf schwarzem Grund eine Serie von asymmetrischen Punkten beziehungsweise länglichen Flecken, die sich von der Schnauze und oberhalb der Augenlider dorsolateral (in der Rückansicht seitlich) bis zum Rückenende ziehen und in ihrer Farbe von Orange bis tief Rot variieren. Eine zweite Linie von unregelmäßigen gelblichen Flecken läuft parallel dazu etwas tiefer, beginnend unterhalb der Augen über die Flanken bis in Höhe der Beine. Die Extremitäten sind proximal (körpernah) dunkelbraun, werden nach distal (körperfern) heller und weisen in der Regel kein Muster auf; bei einem der untersuchten Exemplare waren auf den Unterschenkeln aber schwache gelbe Flecken zu erkennen. Ventral ist die Grundfärbung ebenfalls Schwarz, durchbrochen von gelben Flecken unterschiedlicher Form. Häufig ist auch ein gelber Balken auf der Brust zu finden. Ein gelber Kinnfleck und längliche Oberschenkelflecken auf der Unterseite sind immer vorhanden.

Diese charakteristische Musterung mit orangefarbenen bis roten Flecken auf dem Rücken bei schwarzer Grundfärbung des Körpers ist innerhalb der Dendrobatiden sonst nur noch bei *Adelphobates castaneoticus* zu finden, doch weist diese Art dorsal wie dorsolateral weiße Fleckenlinien auf und zeigt nur an den Ansatzstellen der Extremitäten sowie auf den dorsalen Oberflächen der Unterschenkel gut abgesetzte orange bis rote Spots auf.

Die Extremitäten werden vom Rumpf weg (nach distal) bräunlicher und sind zum Teil mit blassgelben bis leuchtend roten Flecken versehen. Auch der Rumpf ist unterseits (ventral) mit einem variablen Flecken- und Strichmuster in Gelb und Weiß versehen. Der Ähnlichkeit wegen ordneten Grant et al. (2006) *E. captivus* und *E. mysteriosus* zunächst der Gattung *Adelphobates* zu, mit 18–23 mm ist *A. castaneoticus* allerdings deutlich größer als *E. captivus*.

Fortpflanzung: Río-Santiago-Baumsteiger sind tagaktiv und leben überwiegend terrestrisch. Die Männchen rufen fast den ganzen Tag über nach den Weibchen, allerdings nicht nur von Bodenverstecken, sondern auch von gut verborgenen Stellen an bodennahen Phytotelmata wie den Blattachseln von Heliconien oder Marantaceen. Twomey & Brown (2008) konnten während ihrer Expedition 2006 in der Laubstreu ein adultes Pärchen bei der Paarung beobachten. Es scheint also möglich, dass

Die Art ist kontrastreich gezeichnet mit hellen Punkten auf schwarzem Untergrund
Foto: M. Pepper

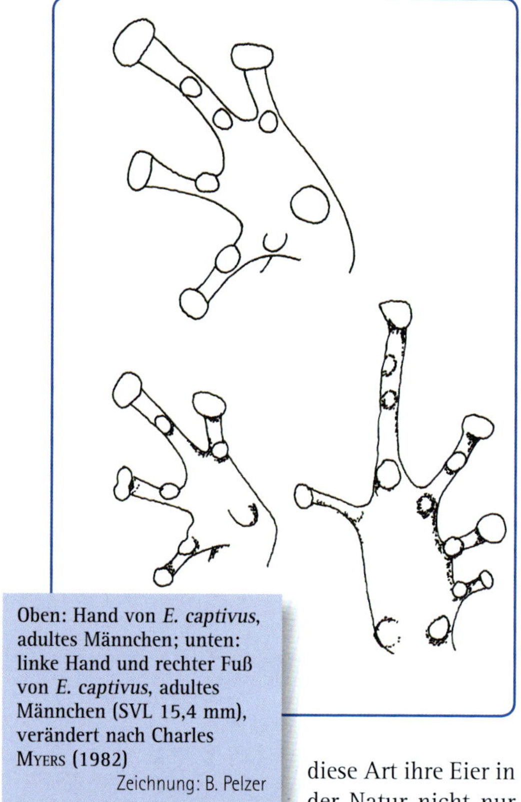

Oben: Hand von *E. captivus*, adultes Männchen; unten: linke Hand und rechter Fuß von *E. captivus*, adultes Männchen (SVL 15,4 mm), verändert nach Charles Myers (1982)
Zeichnung: B. Pelzer

diese Art ihre Eier in der Natur nicht nur an Pflanzen, sondern auch direkt am Boden ablegt.

Der Anzeigeruf ist ein surrendes Geräusch aus kurzen Pulsen mit nur geringen Frequenzmodulationen. Ein einzelner Ruf setzt sich in der Regel aus 13–15 kurzen Noten zusammen und ist bitonal, mit einer dominanten Frequenz von 5.540 Hz und einer Nebenfrequenz von 4.107 Hz. Dieses zweite Frequenzband kann um 440 Hz variieren. Der einzelne Ruf ist mit 0,23 s Dauer sehr kurz und wird etwa jede Sekunde wiederholt. Eine Ruffolge kann mehrere Minuten andauern. Die Hörweite des Rufs ist nicht sehr hoch und verliert sich bereits nach kaum 10 m Distanz.

Freilebende Kaulquappen konnten von den Forschern nicht gefunden werden; es wurden lediglich vier Larven gesichtet, die jeweils einzeln von Männchen getragen wurden. Alle larventragenden Männchen hielten sich auf Heliconien auf, daher ist davon auszugehen, dass diese die bevorzugten Aufzuchtpflanzen für *E. captivus* sind. Seine Vorliebe für Heliconien teilt *E. captivus* mit *Ranitomeya imitator* und *R. ventrimaculata*.

Vom Rücken eines männlichen Tieres konnten Twomey & Brown (2008) während ihrer Expedition 2006 unter anderem eine Kaulquappe im Stadium 25 nach Gosner (1960) entnehmen, die sie in ihrer Arbeit wissenschaftlich beschrieben haben. Larven sind grau, mit einem in Aufsicht runden Körper und einem Mund mit gut entwickelten Hornkiefern. Die Schnauze ist abgerundet. Die Nasenlöcher bilden kurze, seitlich nach vorne ausgerichtete Röhren im Abstand von 0,66 mm. Die Augen liegen dorsal und sind schwarz. Das Spiraculum (röhrenförmige Atem- beziehungsweise Ausströmöffnung, die in den inneren Kiemenraum führt) liegt links und bildet keine freie Röhre. Die Kloake ist dagegen nach rechts ausgerichtet. Der dorsale und ventrale Schwanzsaum der Larve beginnt an der Schwanzbasis und erreicht seine größte Ausdehnung mit 1,63 mm Breite bei etwa zwei Dritteln der Schwanzlänge. Die Schwanzmuskulatur ist einheitlich grau; oberer und unterer Schwanzsaum sind transparent grau.

Der Mund der Kaulquappen ist nach vorne unten gerichtet. Das Mundfeld selbst ist 1,88 mm breit; die Lippen bilden mehrere Lappen und umfassen einen Hornkiefer. Die hintere Lippe ist von Papillen umgeben, die an den Rändern in Doppelreihen stehen. Die vordere Lippe weist eine große Lücke im mittleren Papillenbesatz auf, die seitlichen Papillen sind nur schwach entwickelt. Die Zahnformel der Lippenzähnchen des Mundfelds lautet 2(2)/3(1); dies bedeutet, dass auf der oberen (vorderen) Lippe die äußere Lippenzahnreihe durchgehend ist, die innere jedoch eine mediale Lücke hat, und die untere (hintere) Lippe zwei durchgehende Lippenzahnreihen sowie eine median unterbrochene Zahnreihe aufweist.

Cóndor-Baumsteiger

Excidobates condor ALMENDÁRIZ, RON & BRITO, 2012
Synonyme: Keine
Englischer Name: Noch keiner vergeben
Spanischer Name: Rana Venenosa de La Cordillera del Cóndor
Wissenswertes: Der Artname „*condor*" bezieht sich auf die Lokalität des Sammlungsortes in der Cordillera del Cóndor (Gebirgskette des Kondors), Ecuador.
Bedrohung und Schutz: Diese erst jüngst beschriebene Art ist noch nicht in der Roten Liste der IUCN eingestuft, und es sind auch keine aussagekräftigen Beobachtungen und aktuellen Zahlen verfügbar, um ihre Bestandsentwicklung bewerten zu können. *Excidobates condor* findet sich jedoch in CITES-Anhang II, da alle Arten der Gattung hier gelistet sind und somit auch jeder neu beschriebene Vertreter automatisch in diesen Anhang kommt.
Vorkommen und Habitat: *Excidobates condor* wurde in Südecuador im Kanton Paquisha, Provinz Zamora-Chinchipe, an drei nahe beieinander liegenden Stellen bei Loma Paquisha Alto entdeckt. Der Holotypus (EPN 11.511) ist ein adultes Männchen, das die Herpetologen Almenádriz und Puchaicela im März 2008 gefunden haben. Die Paratypen wurden von Almenádriz und Kollegen bei vier weiteren Exkursionen im November 2008, Mai 2009, Oktober 2010 und Juli 2011 in derselben Region, meist innerhalb des gleichen Kantons auf Höhen zwischen 1.770 und 1.930 m ü. NN gesammelt. Alle Fundorte befinden sich innerhalb eines Radius von nur etwa 7 km^{2}.

Die Frösche wurden meist am Boden am Fuß von Bäumen oder großen Bromelien in der Laubstreu beziehungsweise im Moos gefunden. Kaulquappen und frisch umgewandelte Jungtiere fanden die Forscher in Bromelien der Gattung *Guzmania*, sofern sich innerhalb der Brakteen (Hochblätter) ausreichend Wasser und Feuchtigkeit angesammelt hatte. Die Adulten wurden vor allem auf einem besonderen Bodenbelag aus Wurzelwerk, dürrem Laub und Moosen auf Sandstein gefunden, der von den Einheimischen „bamba" genannt

Aquarell von *Excidobates condor* nach einem Foto von A. Almendariz
Bild: S. Honigs

Verbreitung von
Excidobates condor

wird. Diese Bodenbeschaffenheit mit vielen Versteckmöglichkeiten erschwert das Auffinden der Alttiere im Habitat.

Alle Funde der neuen Art stammen aus der Zone des meist wolkenverhangenen Bergregenwaldes der Cordillera del Cóndor. Das Bild dieses Regenwaldes ist geprägt von 15–20 m hohen Bäumen, die dicht mit Aufsitzerpflanzen und Moosen bewachsen sind; man findet hier in 0,5–2 m Baumhöhe vor allem Bromelien der Gattungen *Guzmania*, *Tillandsia* und *Aechmea*. Ab etwa 2.000 m ü. NN, auf dem Plateau des Loma Tigre Alto, werden die Bäume dann kaum noch höher als 5 m; sie stehen dort auf kristallinem Sandstein, der säurehaltig und nährstoffarm ist.

Neben *E. condor* leben in diesen Höhen der Anden nur wenige Dendrobatiden, darunter Frösche der Gattung *Hyloxalus*, die sogar noch bis auf 2.800 m ü. NN vorkommen. Eine äußerlich ähnliche Art, die im gleichen Gebiet lebt, ist *Andinobates abditus*, auf die noch näher eingegangen wird.

Größe und Aussehen: Die von den Erstbeschreibern gesammelten Männchen von *E. condor* hatten eine mittlere Körperlänge von 19,8 mm, während die etwas größeren Weibchen eine durchschnittliche Länge von 21,6 mm aufwiesen.

Die Rückenfarbe der Frösche ist Schwarz; die Haut ist mit warzenähnlichen Strukturen bedeckt, deren Erhebungen manchmal wie ein leichter Faltenwurf wirken. Die warzige Haut tritt auch auf der Oberseite der Extremitäten auf. Der Bauch ist dunkelbraun, die Haut ist hier aber glatt. Die Farbe der Kopfregion kann von mattem Braun bis Scharlachrot variieren, wobei die Männchen in der Regel weniger rötlich sind. Die Handinnenflächen sind orange, die Fußsohlen schwarz und glatt.

Der Kopf von *E. condor* ist genauso breit wie sein Körper. Die breiteste Stelle des Kopfes befindet sich auf Höhe der Augen. Die Schnauze ist sehr kurz und wirkt in dorsaler und ventraler Ansicht fast wie abgeschnitten, während sie in der Seitenansicht rundlich ist. Die Nasenöffnungen sind seitlich ausgerichtet und daher nicht von dorsal, sondern nur von lateral zu sehen. Das Trommelfell liegt dorsal, ist aber nur zur Hälfte erkennbar, denn die obere Hälfte ist von einer Hautfalte bedeckt. Die Größe des Trommelfells entspricht etwa einem Drittel des Augendurchmessers. Die Schallblase der Männchen ist kehlständig.

Die Vorderextremitäten sind an den Schultern dunkelbraun und färben sich zu den Spitzen der relativ langen Finger hin zunehmend orange. Der I. Finger ist etwas kürzer als der II. Finger. Die Formel der Fingerlängen lautet: III > IV > II > I. Bis auf den I. Finger tragen alle Fingerenden große Haftscheiben, die 50 % breiter als die Fingerglieder sind. Je ein subartikularer (unterhalb des Gelenks befindlicher) Tuberkel ist an den Fingern I und II, je zwei Tuberkel sind an den Fingern III und IV vorhanden. An der Basis der Handfläche befindet sich zudem ein großer, gegabelter Tuberkel. An den Fingern sind keine Spannhäute ausgebildet, aber schwache Hautsäume. Brunftschwielen bei Männchen sind nicht vorhanden.

Die I. Zehe ist sehr kurz und reicht gerade einmal zur Hälfte der II. Zehe. Die Haftscheiben der Zehen sind insgesamt weniger breit als die der Finger, wobei die Haftscheiben der Zehen I und V auch weniger breit als die der Zehen II, III und IV sind. Auf der Fußsohle in Höhe der Ferse befinden sich zwei Hauttuberkel, wobei der innere, zum Körper orientierte Tuberkel etwa die doppelte Länge des äußeren Tuberkels aufweist.

Im Gegensatz zu den beiden anderen *Excidobates*-Arten weist *E. condor* auf den Innenseiten der Oberschenkel keine hellen, länglichen Signalflecken auf, und generell fehlt ein Fleckenmuster. Dagegen findet sich die warzige Struktur der Rückenhaut nur bei *E. condor.*

In den östlichen Ausläufern der Anden lebt in Höhen bis zu 1.700 m ü. NN neben *E. condor* auch der sehr ähnliche *Andinobates abditus* (sensu Brown et al. 2011). Diese Art teilt nicht nur den Lebensraum, sondern auch ihre Dorsalfärbung mit dem Cóndor-Baumsteiger, allerdings sind die Weibchen von *A. abditus* mit durchschnittlich 17,8 mm Länge deutlich kleiner. Beide Arten zeigen eine glatte dunkelbraune bis schwarze Bauchhaut, bei *A. abditus* sind auch die Hände und Unterarme schwarz, die Achselhöhlen und Leisten weisen orange Signalflecke auf. Beide Arten haben eine ähnliche Reproduktionsweise und nutzen jeweils Phytotelmata als Aufzuchtort ihrer Larven. Auch die Mundscheiben der Larven sind bei beiden Arten gleich gestaltet, daher wurde schon diskutiert, ob *A. abditus* nicht vielleicht ebenfalls der Gattung *Excidobates* zugeordnet werden sollte. Die Einordnung des Cóndor-Baumsteigers in die Gattung *Excidobates* erfolgte allerdings nach einer molekulargenetischen DNA-Untersuchung der mitochondrialen Gensequenzen 12S und 16S mittels PCR, die eine sehr hohe Übereinstimmung (und damit enge Verwandtschaft) mit entsprechenden DNA-Sequenzen der beiden anderen *Excidobates*-Arten ergab.

Fortpflanzung: Da diese Art erst kürzlich entdeckt und beschrieben wurde, liegen noch nicht allzu viele Angaben zur Fortpflanzung vor. Der Erstbeschreiber hatte im März 2008, im November 2008, im Mai 2009 und im Oktober 2010 vier Expeditionen in das Zielgebiet unternommen und konnte während fast aller Aufenthalte immer wieder Kaulquappen oder frisch umgewandelte Jungtiere in Bromelien der Gattung *Guzmania* finden. Lediglich während der letzten Expedition im Oktober 2010 waren weder Larven noch Jungtiere noch Adulte anzutreffen (Almendáriz et al. 2012). Die Larven von *Excidobates condor* sind dorsal gleichmäßig dunkelbraun gefärbt, während der Bauch schwarz mit metallischem Glanz ist. Der Flossensaum ist transparent grau. Die in der Arbeit von Almendáriz et al. (2012) beschriebene Kaulquappe entspricht dem Stadium 35 nach Gosner (1960). Sie weist eine Gesamtlänge von 32 mm auf, wobei der Körper 11 mm misst, was etwa 34 % der Gesamtlänge entspricht. In der Aufsicht ist die Schnauze abgerundet. Der Abstand zwischen den Augen und den Nasenöffnungen beträgt 1,5 mm. Der Schwanz ist an der breitesten Stelle 2 mm breit, seine Höhe beträgt bis 2,7 mm. Der dorsale und der ventrale Flossensaum beginnen an der Basis des Schwanzes. Der Darmkanal ist frei. Der Mund liegt vorne ventral, das Mundfeld ist 2,3 mm breit. Die Lippen sind von einer vollständigen Reihe Papillen umsäumt; auf der Lippe selbst fehlen Papillen, die nur seitlich auftreten. Die Zahnformel für die Lippenzähnchen lautet 2(2)/3(1).

Während der Metamorphose ist die Kopfregion der Jungtiere zunächst noch schwarz und entwickelt erst langsam eine rötliche Färbung. Auch die Rückenhaut ist erst nur leicht warzig und bleibt es bei männlichen Jungtieren noch eine Weile. Die in menschlicher Obhut aufgezogenen Larven behielten die schwarze Färbung von Bauch und Rücken sowie Kopfregion auch später bei, nur die Fingerspitzen färbten sich orange um.

Marañón-Baumsteiger

Excidobates mysteriosus (Myers, 1982)

Synonyme: *Dendrobates mysteriosus* Myers, 1982; *Ranitomeya mysteriosa* Bauer, 1988; „*Dendrobates*" *mysteriosus* Grant et al., 2006; *Excidobates mysteriosus* Twomey & Brown, 2008

Deutsche Synonyme: Schokoladen-Baumsteiger, Mysteriöser Baumsteiger, Perlhuhnfrosch

Englischer Name: Marañón Poison Frog

Spanischer Name: Rana Venenosa

Wissenswertes: Die Artbezeichnung „*mysteriosus*" ist vom lateinischen Wort „mysterium" (Geheimnis) und dem adjektivbildenden Suffix „-osus" (voll mit) abgeleitet; sie bedeutet demnach „voll mit Geheimnissen". Der Name bezieht sich auf die lange Zeit ungeklärten Verwandtschaftsverhältnisse dieser Art innerhalb der Dendrobatiden sowie auf ihre unerforschte Lebensweise. Der deutsche Trivialname „Marañón-Baumsteiger" beruht auf dem Río Marañón, einer der Quellflüsse des Amazonas, der den Lebensraum dieser Frösche durchströmt.

Bedrohung und Schutz: Diese Art ist in der aktuellen Roten Liste der IUCN als stark gefährdet („endangered") gelistet und findet sich auch im CITES-Anhang II. Der Bestandstrend in der Natur ist vermutlich abnehmend, aber nicht genau untersucht. Die IUCN geht von einem sehr kleinen und stetig schwindenden Verbreitungsgebiet in den Restarealen des ursprünglich vorherrschenden Prämontanwaldes aus, in dem mehrere kleine, voneinander isolierte Populationen dieser Frösche leben.

Verbreitung von *Excidobates mysteriosus*

Bisher ist die Art mit Gewissheit nur von einem kleinen Gebiet am Fuß der Cordillera del Cóndor (Department Cajamarca) in Nordostperu bekannt, wo sie wahrscheinlich endemisch ist. Die größte Bedrohung für *E. mysteriosus* geht von der Kultivierung und Umwandlung der Restwaldhabitate in Weidegebiete beziehungsweise in Agrarland für Kaffee, Bananen, Mais, Getreide und andere Saatpflanzen aus. Leider breiten sich die Agrarflächen immer weiter aus, und im selben Maße schwindet der Lebensraum dieser und zahlreicher anderer Tiere. Selbst an den für die Landwirtschaft ungeeigneten steilen Berghängen und schroffen Felsen erfolgt oftmals noch Brandrodung.

Die von den Fröschen bewohnten Bromelien sind vor allem in alten Primärwäldern und kaum in wiederaufgeforsteten Waldgebieten anzutreffen. Ein Aufforsten der abgebrannten Wälder kann das Problem des Habitatverlustes kurzfristig nicht lösen, da die Tiere große breitblättrige und damit ältere Bromelien den kleinen schmalen, jüngeren Pflanzen deutlich bevorzugen. Mit dem Schwinden der Bromelien als bevorzugte Mikrohabitate ist der Populationsrückgang von *E. mysteriosus* eng gekoppelt. Zusätzlich gibt es in der Region Cajamarca auch Bergwerke und Minen zur Edelmetallgewinnung wie Gold und Kupfer. Diese machen selbst vor den Steilhängen der Berge nicht halt.

Eine weitere Bedrohung für den Marañón-Baumsteiger geht schließlich vom Wildfang dieser Frösche aus. Immer wieder werden grö-

Erwachsener Marañón-Baumsteiger
Foto: D. Schulten

ßere Mengen an wildgefangenen Tieren illegal in den Handel gebracht. Zwar ist *E. mysteriosus* innerhalb Perus streng geschützt, und es gibt auch ein staatliches Reservat in der Cordillera del Cóndor, wo die Art vorkommt, doch ist weiterhin von einem negativen Populationstrend auszugehen.

Vorkommen und Habitat: Harvey Bassler hat den Holotypus dieser Art (AMNH 55.349) seinem Bericht zufolge im Juli 1929 im Umland der Ortschaft Santa Rosa auf einer Höhe von ca. 900 m ü. NN am Oberlauf des Río Marañón im Department Cajamarca, in den Hügeln nordwestlich des Zusammenflusses mit dem Río Chinchipe gesammelt. Leider ist die dem Reisebericht Basslers nachempfundene Ortsangabe nicht gesichert, da es in dieser Region mehrere Orte mit dem Namen Santa Rosa gibt. Bassler hatte zahlreiche Belegtiere während einer 39 Tage dauernden geologischen Expedition gesammelt, auf der er und seine Begleiter 650 km zu Fuß beziehungsweise mit Kanus zurücklegten und dabei nicht nur die Region kartierten, sondern auch Fossilien sammelten und Frösche und Schlangen fingen.

Rainer Schulte hat den Marañón-Baumsteiger dann erst 1990 im gleichen Gebiet wie einst Bassler wiederentdeckt und konnte die Art erstmals anhand lebender Exemplare beschreiben. Bis heute sind nach Twomey & Brown (2008) lediglich drei, nach Sandra Monsalve Pasapera (2011), die ihre Dissertation über die Habitatnutzung von *E. mysteriosus* angefertigt hat und ein genaueres Bild über die engräumigen, endemischen Vorkommen dieser Art vermitteln konnte, immerhin sechs Fundlokalitäten bekannt. Allerdings konnte die Biologin während ihres Aufenthalts an einer dieser Lokalitäten (Areal E in der Tabelle) selbst keine Tiere nachweisen, sodass derzeit nur fünf Areale mit Populationen dieser Baumsteiger gesichert sind. Alle Lebensräume liegen in relativ trockenen Prämontanwaldresten in Höhenla-

Die großen Bromelienbestände an diesem Berghang sind der perfekte Lebensraum für *Excidobates mysteriosus* (Cajamarca-Region, Peru)
Foto: M. Pepper

Adulte Marañón-Baumsteiger finden sich häufig in großen, breiten Bromelien wie hier *Hohenbergia augusta* Foto: S. Honigs

Der Lebensraum von *Excidobates mysteriosus* in Peru weist zahlreiche große Bromelien auf. Der Wald im Tal im östlichen Ausläufer der Cajamarca-Region ist bereits stark gerodet. Foto: M. Pepper

Die leicht granulierte Haut zeigt eine charakteristische schokoladenbraune Färbung mit weißen Tupfen Foto: D. Schulten

Typisch schreitende Fortbewegungsweise eines *Excidobates mysteriosus* Foto: D. Schulten

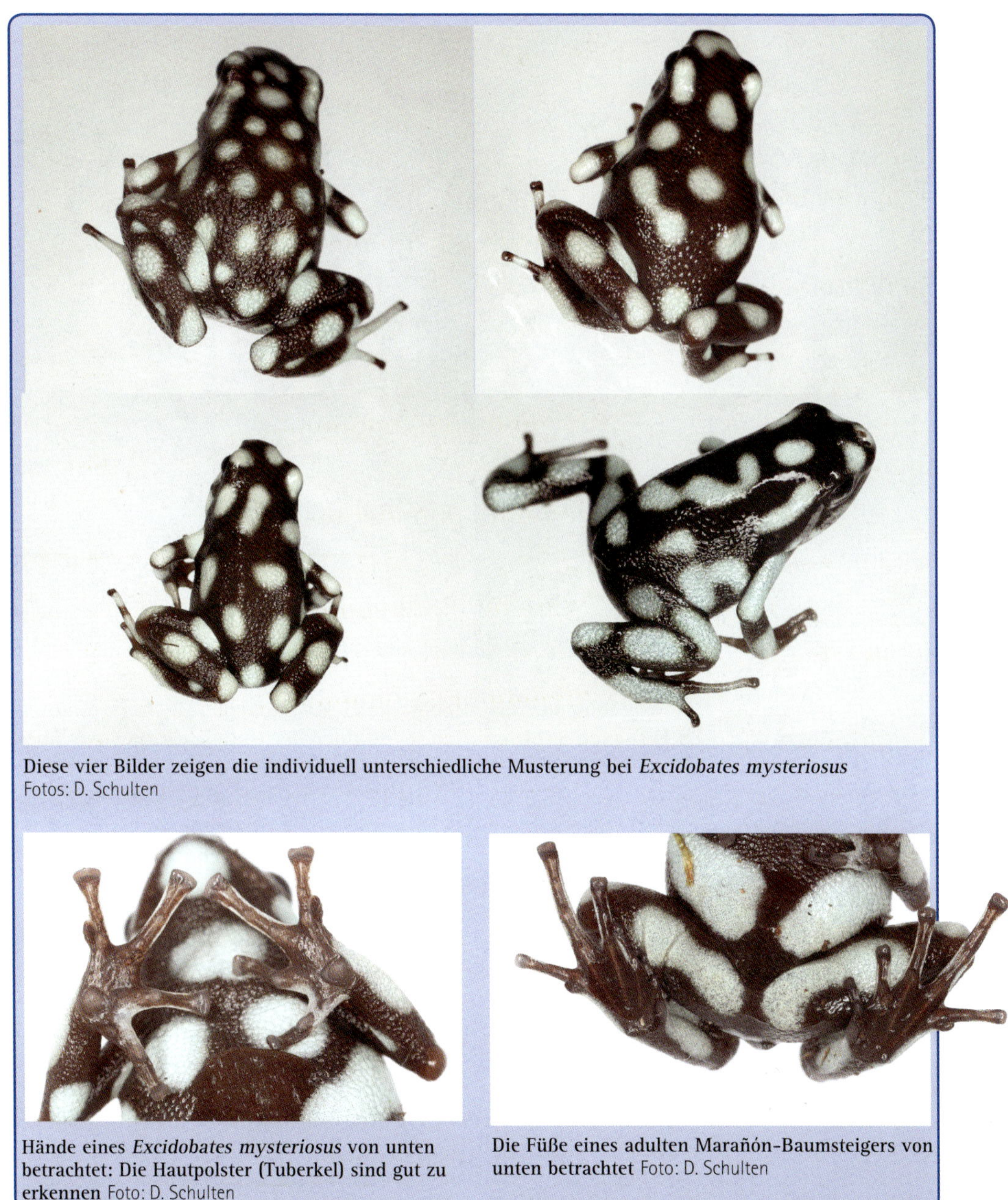

Diese vier Bilder zeigen die individuell unterschiedliche Musterung bei *Excidobates mysteriosus* Fotos: D. Schulten

Hände eines *Excidobates mysteriosus* von unten betrachtet: Die Hautpolster (Tuberkel) sind gut zu erkennen Foto: D. Schulten

Die Füße eines adulten Marañón-Baumsteigers von unten betrachtet Foto: D. Schulten

gen um 1.000–1.300 m ü. NN, jeweils mindestens 500 m von allen größeren stehenden oder fließenden Gewässern entfernt. Die Wasserreservoire der Bromelien bilden also die einzig nennenswerten Gewässeransammlungen innerhalb dieser Lebensräume.

Weiblicher *Excidobates mysteriosus* der kürzlich entdeckten Bongará-Population
Foto: T. Ostrowski

Die folgende Habitatbeschreibung lehnt sich an die Beobachtungen von Monsalve Pasapera (2011) an. Eine Population dieser Frösche konnte die Biologin zum Beispiel an einem großen Felsabhang auf etwa 1.100 m ü. NN, bewachsen mit vielen großen Bromelien, beobachten. Ein weiterer Fundort war ein noch erhaltener Waldrestbestand auf Höhen von 978–1.250 m ü. NN, mit einer großen Zahl epiphytischer Bromelien, vermutlich *Aechmea nudicaulis*. Leider wurde 2011 ein Großteil dieses Waldes durch Feuer und Holzgewinnung zerstört, sodass heute nur noch wenige Hektar übriggeblieben sind. Die Untersuchungen von Monsalve Pasapera (2011) ergaben insgesamt drei Kerngebiete (Areale A, B und D in Tabelle 1) mit jeweils hohen Zahlen an adulten und juvenilen Tieren sowie Kaulquappen. Die Areale C und F hingegen waren recht klein; hier fanden sich zwar juvenile und adulte Frösche, nicht jedoch Kaulquappen. In Areal E konnten im Rahmen der Untersuchung – wie oben erwähnt – keine Tiere nachgewiesen werden.

Tagsüber erreichen die Temperaturen im Lebensraum von *E. mysteriosus* bis zu 35 °C, während es nachts zu einer Absenkung auf 16 °C kommen kann. Die Luftfeuchtigkeit ist mit ca. 40 % am Tage relativ gering. Die *Aechmea*-Bromelien in diesem Gebiet bilden zwar kleinere Wasserreservoire und Phytotelmata für Larven als die ausladenden Felsenbromelien, doch führt ihre tiefe, schlanke Form im Inneren zu einem idealen Mikroklima (siehe nebenstehende Tabelle). Den Beobachtungen zufolge wurden von Bromelienart 2 jeweils die Exemplare mit geringen Wasserständen und großer Breite bevorzugt, von Bromelienart 1 dagegen solche, die besonders breit waren, einer geringeren Sonnenbestrahlung ausgesetzt waren, einen hohen Wasserstand aufwiesen und in tieferen Lagen wuchsen. Der Wasserstand innerhalb der Bromelie war nur

Charakterisierung des Lebensraums von *Excidobates mysteriosus* nach Monsalve Pasapera (2011): Die Zahlen 1 und 2 in der Spalte „Bromelienvorkommen" beziehen sich auf zwei nicht näher identifizierte Arten von Bromelien, in denen Monsalve Pasapera (2011) die Frösche antraf. Bromelie 1 unterschied sich durch rot auslaufende Spitzen der breiteren Blätter deutlich von Bromelie 2, deren Blätter schmaler und grün (ohne Rot) waren, mit weißen Streifen an der Blattunterseite. Bromelie 1 wies Durchmessergrößen von 25–187 cm bei Höhen von 10–89 cm auf. Bromelie 2 war mit Durchmessern von 50–280 cm und Höhen von 30–150 cm deutlich größer, vermutlich ist sie mit der von Twomey & Brown (2008) als *Aechmea nudicaulis* identifizierten Art identisch. Die Nutzungshäufigkeit dieser beiden Bromelien durch die Frösche war recht unterschiedlich: Während etwa jedes dritte Exemplar der Bromelienart 1 von *E. mysteriosus* besucht wurde (32,5 %), wurde bei Bromelienart 2 jedes zweite Exemplar (53 %) genutzt.

Areal	Größe	Vegetation	Bromelien-vorkommen	Höhe in m ü. NN	Geschütztes Gebiet
A	9 ha	Felshang, Restwald	1,2	1.222	Ja
B	2,5 ha	Restwald	1	1.010	Nein
C	1 ha	Felshang	1	1.320	Ja
D	3 ha	Restwald	1,2	1.000	Nein
E	8 ha	Felshang	1	1.627	Ja
F	2 ha	Felshang	1	1.302	nein

für die adulten Tiere von Bedeutung, stellte für juvenile Frösche aber kein Auswahlkriterium für den Aufenthaltsort dar.

Drei Gebiete mit Vorkommen von *E. mysteriosus* hat die Weltnaturschutzorganisation (IUCN) gekauft, um so den Erhalt dieser Art in der Natur zu gewährleisten. An zwei dieser Standorte existierten nach letzten Meldungen Populationen mit nicht einmal 200 Tieren. Eine solche Zahl ist sicher nicht ausreichend, um den Bestand langfristig zu sichern. Durch die Isolation der bekannten Areale innerhalb von Agrarflächen ist auch der genetische Austausch mit anderen Populationen nicht oder nur sehr eingeschränkt möglich. Der beobachtete Bewegungsradius einzelner Tiere von einer Bromelie zur nächsten schwankte zwischen 0 und 113 m, wobei der Durchschnitt bei gerade mal 20,5 m lag. Dieser geringe Bewegungsradius reicht nicht aus, um beispielsweise über eine Bananenplantage in andere Habitate zu gelangen. Alte Baumbestände mit bewohnbaren Bromelien werden immer seltener, und die Umwandlung der Wälder in Agrarflächen lässt die Populationen in Zukunft weiter schrumpfen.

Kürzlich wurde *E. mysteriosus* in einem weiteren Gebiet, ca. 100 km südwestlich von den bekannten Habitaten, nachgewiesen: Thomas Ostrowski (2017) gelang es im April 2015 in der Provinz Bongará, auf ca. 100 m Höhe in der Cordillera de Colán eine weitere Population zu finden.

Größe und Aussehen: Myers hat *E. mysteriosus* anhand des von Harvey Bassler gesammelten und konservierten Holotypus (AMNH 55.349) beschrieben, ein subadultes, 17,6 mm großes Weibchen. Wegen des Farbverlusts durch die Fixierung konnte er keine verlässlichen Angaben über Körperfärbung und -musterung des lebenden Frosches mehr machen. Erst mit der Wiederbeschreibung der Art durch Schulte (1990) und durch Twomey & Brown (2008) waren Angaben zur Färbung und auch zur Spannweite der Längen möglich.

Beim Marañón-Baumsteiger handelt es sich um einen Dendrobatiden mittlerer Größe, mit Körperlängen von 25–29 mm. Die Haut der Frösche ist überwiegend leicht granuliert, lediglich die ventralen Seiten der Extremitäten sind fast glatt. Die Grundfärbung ist Schokoladenbraun bis tief Schwarzbraun,

Excidobates mysteriosus im Terrarium
Foto: D. Schulten

Larventragendes Männchen von *Excidobates mysteriosus* am neuen Fundort in der peruanischen Provinz Bongará
Foto: T. Ostrowski

was der Art den seltener verwendeten Trivialnamen „Schokoladen-Baumsteiger" eingebracht hat. Ein unregelmäßiges, individuelles Muster von weißen (bei Jungtieren bläulich weißen) Punkten und/oder länglichen Flecken verteilt sich dorsal über Körper und Extremitäten der Tiere; der kleinste Fleck ist hierbei etwa so groß wie das Trommelfell. Die neu entdeckten Marañón-Baumsteiger in den südwestlichen Habitaten unterscheiden sich generell durch eine etwas dunklere Hautfärbung und deutlich kleinere bläulich weiße Flecken mit einem Durchmesser von maximal 1–2 mm.

Auch die Ansätze der vorderen Extremitäten sind bei *E. mysteriosus* jeweils mit einem weißen Fleck gekennzeichnet. An den Flanken und an den Hinterextremitäten verschmelzen zwei kreisförmige Flecken oftmals zu länglichen Mustern, durchgehende dorsolaterale Streifen fehlen aber. Auf den Oberschenkelinnenseiten zeigen sich ebenfalls breite, länglich ovale weiße Flecken. In der Ventralansicht sind die weißen Flecken allgemein etwas größer, ein Kehlfleck ist immer vorhanden. Auch ein Fleck auf jedem Augenlid ist ausgeprägt; beide vereinen sich oft zusammen mit dem Fleck auf der Schnauzenspitze zu einer gewinkelten Linie. Die dunkelbraune Grundfärbung mit dem hellen Fleckenmuster lässt die Frösche mit etwas Abstand optisch mit ihrer Umgebung förmlich verschmelzen und dient somit der Gestaltsauflösung (Somatolyse).

Die Nasenlöcher befinden sich dicht an der Schnauzenspitze und sind ventrolateral (in Bauchansicht seitlich) ausgerichtet. Der Kopf ist etwas schmaler als der Rumpf. Das Trommelfell ist fast rund und fast komplett von einer Hautfalte verdeckt. Die Iris ist dunkelbraun, die Pupille rund. Zähne sind nicht vorhanden. Die Zunge liegt frei, ist an der Spitze oval-eiförmig und 3–4 mm lang. Bei den Männchen finden sich zwei Stimmritzen, wovon eine zurückgebildet sein kann. Die kehlständige Schallblase ist beim nicht rufenden Männchen nicht beziehungsweise kaum zu erkennen. Biegt man ein Hinterbein seitlich nach vorn zum Kopf, so reicht das Fußgelenk bis zur Mitte des Auges.

Die Finger und Zehen sind in der Ventralansicht milchig braun, während die Finger- und Zehenspitzen dunkelbraun sind. In der Dorsalansicht sind Hände und Füße einheitlich dunkelbraun mit weißem Fleckenmuster, die Haftscheiben sind tief dunkelbraun bis schwarz. Die Haftscheiben der Zehen II–IV sind im Verhältnis zum angrenzenden Zehenglied leicht verbreitert (1,2–1,4-fach breiter), die Haftscheiben der Finger noch etwas ausgeprägter (bis 1,6-fach breiter). Die Hände sind relativ groß. Finger und Zehen sind unterschiedlich lang, was sich anhand folgender Formeln zeigt: Zehen IV > III > V > II > I; Finger III > IV > II > I.

An der Basis der Handinnenfläche liegt mittig ein größerer, fast kreisrunder sogenannter Metacarpaltuberkel (Tuberkel der Handwurzelknochen). Ein kleinerer Metacarpaltuberkel ist an der Basis des ersten Fingers zu finden, zudem befinden sich jeweils ein ausgeprägter Subartikulartuberkel (Tuberkel der Finger- beziehungsweise Zehengelenke) an den Fingern I und II und zwei solcher Tuberkel an den Fingern III und IV.

Die Fußsohlen weisen zwei kleine rundliche, nur wenig ausgeprägte Metatarsaltuberkel (Tuberkel der Fußwurzelknochen) auf. Die subartikularen Tuberkel an den Zehen sind ebenfalls weniger stark ausgeprägt und verteilen sich wie folgt: je ein Subartikulartuberkel auf den Zehen I und II, je zwei auf den Zehen III und V sowie drei auf Zehe IV. Spannhäute fehlen sowohl an den Füßen als auch an den Händen. Die relativ großflächigen Hände sind als Anpassung an die arboreale (baumbewohnende) Lebensweise dieser Frösche anzusehen. Beim Klettern an glatten Oberflächen drücken die Tiere zudem ihre Wirbelsäule so durch, dass sie eine Vergrößerung der Kontaktoberfläche am Bauch und damit höhere Adhäsionskräfte erzielen. Die bevorzugte Fortbewegungsart bei *E. mysteriosus* ist aber ein für Frösche eher untypisches vierfüßiges Gehen beziehungsweise Schreiten. Nur selten gibt es kleinere Sprungeinlagen.

Der Wiederentdecker der Art, Rainer SCHULTE (1990), konnte auch einige Kaulquappen in den Entwicklungsstadien 25, 26–29 und 40 nach Gosner (1960) beschreiben. Die Larven haben einen flachen, eiförmigen Körper und sind von brauner bis braunschwarzer Farbe. Die Augen sind dorsolateral ausgerichtet. Das Spiraculum liegt links. Der Spiraldarm ist wegen der dunklen Färbung des umliegenden Gewebes von unten nur schwach sichtbar. Der am Ende abgerundete Schwanz hat die gleiche Farbe wie der Körper, und der dorsale Flossensaum ist im Vergleich zum ventralen Saum zwar höher, reicht aber nicht bis an den Rumpf. Der Mund ist nach anterioventral (vorne bauchseitig) ausgerichtet, die keratinisierten (verhornten) Kieferpartien im Mundfeld sind gut entwickelt. Die Kaulquappen haben folgende Zahnreihenformel (Anordnung der Lippenzähnchen), die sich im Laufe der Entwicklung aber verändert: 2(2)/3(1). Während der Metamorphose zeigten die Larven bei SCHULTE (1990) nach 95 Tagen erste helle Flecken auf den Knien und am Fußgelenk. Nach 114 Tagen war die Metamorphose beendet, und die Fleckenmuster in bläulich weißer Farbe waren auch auf dem Körper ausgebildet.

Fortpflanzung: Da *Excidobates mysteriosus* schon über viele Jahre im Aquazoo Löbbecke Museum Düsseldorf gepflegt wird, konnten wir dort zahlreiche Erfahrungen mit der Verpaarung und Aufzucht dieser Art machen. Schon bald nach der Eingewöhnung starteten die Frösche erste Paarungsversuche. Und auch wenn die ersten Gelege noch verpilzten, so gab es doch schnell Nachwuchs. Vertiefende Informationen zur Fortpflanzung dieser Art werden im Kapitel „Fortpflanzung, Nachzucht und Aufzucht" beschrieben.

Der Lebensraum

Alle drei in diesem Buch vorgestellten *Excidobates*-Arten leben in Peru und Ecuador in eng umgrenzten Habitaten im Gebiet der Cordillera del Cóndor, ein großes Gebirge mit vorgelagerten Ebenen, das von zahlreichen in den Bergen entspringenden und dem Amazonas oder seinen Nebenflüssen zufließenden Strömen durchzogen wird. Die beiden Hauptflüsse in Ecuador sind der Río Santiago und der Río Morona.

Aufgrund der großen Artenvielfalt in der Cordillera del Cóndor – darunter auch viele endemische Arten – wurde ein binationales Naturschutzgebiet eingerichtet (der Condor-Kutuku Conservation Corridor Peace Park wurde 2004 gegründet). Hier finden sich oberhalb von 1.300 m ü. NN häufig Saumbiotope, in denen andine Bergwälder auf tropische Regenwälder treffen und wo sowohl montane als auch tropische Flachlandarten der Flora und Fauna leben. Neben Temperatur und Niederschlagsmenge spielt die Bodenbeschaffenheit eine ausschlaggebende Rolle für die Entwicklung der Vegetation.

Innerhalb der Cordillera del Cóndor sind drei wichtige Waldtypen zu unterscheiden, nämlich die oben beschriebenen Saumbiotope auf 1.300 m ü. NN, die Übergangsstufen zum Nebelregenwald und die Wälder der alluvialen Terrassen (Schwemmböden), die in den Ebenen bis auf Höhen von 850–900 m anzutreffen sind. Letztere Gebiete, meist Überflutungszonen der Flüsse, weisen aufgrund der dort abgelagerten Sedimente relativ fruchtbare Böden auf. Je nach Grad der im Boden vorhandenen Staunässe verändert sich vor allem die

Bromelien haften als Aufsitzerpflanzen auf Bäumen oder an Felsen und bieten den Marañón-Baumsteigern Lebensraum in der Cajamarca-Region
Foto: M. Pepper

Der schwindende Lebensraum von *Excidobates mysteriosus* in den östlichen Ausläufern der Cajamarca-Region in Peru
Foto: B. Wilson

Der intakte Wald verfügt über alte Bäume mit starkem Bromelienbesatz
Foto: M. Pepper

Ein Blick in die Baumkronen zeigt dichten Bromelienbesatz und Tillandsienbewuchs (hier *Tillandsia usneoides*)
Foto: M. Pepper

Moose besiedeln zahlreiche Bereiche des Waldes und sind hervorragende Wasserspeicher
Foto: D. Schulten

Zusammensetzung der Überständerbäume, aber auch der das Kronendach bildenden Baumarten, die bis zu 35 m Höhe erreichen können.

Die Übergänge zu den Nebelwäldern finden sich an den Hängen der Hügel und Berge ab einer Höhe von 900–1.300 m ü. NN, wo als Untergrund meist Kalkstein auftritt. An diesen Stellen ist das Bodensubstrat in der Regel flachgründig, selten bis 80 cm mächtig oder fehlt ganz. Die Bäume erreichen in dieser Region eine Höhe von 10 bis maximal 15 m und sind vollständig mit Moosen und Leberblümchen (*Hepatica*) bewachsen. Unterhalb der Baumkronen findet sich ein dichter Bewuchs mit Lianen und Büschen. Der Boden ist oft mit einer bis zu 50 cm dicken Schicht aus organischem Material bedeckt, die von den Wurzeln der Bäume und Büsche engmaschig durchzogen wird.

Oberhalb von 1.300 m ü. NN endet das amazonische Floren- und Faunenreich abrupt und macht den andinen Arten der Bergwelt Platz. Die Vegetation der Wälder ist hier maximal noch 15 m hoch und durch viel Buschwerk charakterisiert. Der Boden ist schwammartig und dicht von Wurzelwerk durchzogen. Die Vegetation oberhalb von 1.700 m ü. NN wird schließlich von den dort vorherrschenden starken Winden beeinflusst und ist nur maximal 5 m hoch. Ein richtiger Boden ist kaum mehr anzutreffen, jedoch eine dicke Schicht aus organischem Material, Humus und Baumwurzeln.

Alle Typusexemplare von *E. condor* wurden in einem kleinen Gebiet gefunden, das in einer Höhe von etwa 1.800 m ü. NN eine Fläche von nur 7 km^2 umfasst. Damit ist dieser Frosch nicht nur stark gefährdet, sondern auch die in den größten Höhenlagen vorkommende Art der Gattung *Excidobates* und zugleich einer der am höchsten lebenden Dendrobatiden überhaupt. Sein Lebensraum gehört zum sogenannten östlichen Bergregenwald, einem tropischen Waldtyp, der ab etwa 800 m ü. NN beginnt und bis zu einer Höhe von 2.000 m reicht. Bedingt durch die regionalen mikroklimatischen Verhältnisse in den einzelnen Höhenzügen kann dieser Wald, der auch als tropischer Nebelwald bezeichnet wird, da er häufig mit Wolken verhangen ist, in seiner Höhenlage stark variieren. Die Niederschlagsmengen übersteigen in der Regel die des Tieflandregenwaldes deutlich, denn die Wolken werden durch die vorherrschenden Ostwinde gegen die Anden geschoben, steigen an ihnen auf und regnen dabei ab. Dadurch entsteht ein dauerhaft feucht-nebliges Klima mit hoher relativer Luftfeuchtigkeit, was allerdings nicht bedeutet, dass es an allen Stellen immer gleich viel regnet, denn durch die Lage der Hänge gibt es große Unterschiede. Die windabgewandte, hier also meist westliche Seite eines Berges oder Hügels bekommt unter Umständen nur einen Bruchteil der Niederschläge ab, die auf der östlichen Seite niedergehen.

Bedingt durch die Gebirgslage sind die Temperaturen in diesem Nebelwald meist deutlich niedriger als in den tieferen Regionen und auch eher jahreszeitlichen Schwankungen ausgesetzt. Die Bergregenwälder sind gekennzeichnet durch einen sehr großen Artenreichtum sowohl der Flora als auch der Fauna. Am auffälligsten sind hier natürlich die Bäume, die in dieser Region aber meist nicht die Höhe der Exemplare in den Tieflandregenwäldern erreichen; auch das Kronendach ist deutlich lichter. Die Bäume im Nebelwald sind dafür häufiger mit den verschiedensten Aufsitzerpflanzen (Epiphyten) bewachsen, darunter so bekannte Großgruppen wie Bromelien, Tillandsien und Orchideen – ja, sogar Kakteengewächse können epiphytisch leben. Viele Vertreter der Flora sind beliebte Zimmerpflanzen, aber auch weniger bekannte oder unauffällige Arten wachsen hier zahlreich wie Farne, Moose, Flechten und Algen, die oft vorhangartig von den Ästen ihrer Wirtsbäume herabhängen. Epiphyten finden bei der höheren Luftfeuchtigkeit und größeren Lichtdurchlässigkeit des Kronendachs beste Lebensgrundlagen und sind in diesem Lebensraum daher besonders verbreitet.

Außerdem finden sich unterschiedliche Rankpflanzen im Nebelwald, die die Bäume hauptsächlich als Stützkonstruktion für ihr eigenes Wachstum nutzen. An den stärker beschatteten Stellen leben Pflanzen, die mit relativ wenig Licht auskommen – und dies auch müssen, da das Kronendach einen Großteil des Sonnenlichts abfängt. Der Waldboden selbst ist – wesentlich dichter als im Flachlandregenwald – mit einer meist gut ausgeprägten bodendeckenden Schicht aus krautigen Pflanzen sowie einem engmaschigen Wurzelgeflecht und einer dicken Laubstreuschicht bedeckt.

Auch die zoologische Vielfalt in diesen Bergregenwäldern ist außergewöhnlich hoch, und entsprechend den vielfältigen Lebensbedingungen finden sich hier oft andere Arten als im Flachlandregenwald, die hier wie dort in großer Zahl vertreten sind: von Kleinstlebewesen angefangen bis hin zu größeren Wirbeltieren. Die Vielfalt ist auch deshalb so hoch, weil es viele endemische Arten gibt, die manchmal nur einzelne Täler bewohnen, zugleich aber auch Arten aus angrenzenden Waldtypen vorkommen.

Bergregenwälder gehören zu den bedrohtesten Lebensräumen der Erde. Es handelt sich häufig um Gebiete, die vorzugsweise in Agrarland umgewandelt werden, weil sie sich unter allen Regenwaldtypen durch die stete Feuchtigkeit bei moderaten Temperaturen am besten für die landwirtschaftliche Nutzung eignen. Besonders tragisch ist, dass die Zerstörung eines kleinen Areals schon das Aussterben einer oder mehrerer Arten zur Folge haben kann – weil eben so viele Endemiten vorkommen.

Es gibt also nicht nur den einen Regenwald, sondern viele verschiedene Waldtypen. Der in der Vorstellung der Menschen existente Regenwald, gerne als Dschungel oder Urwald bezeichnet, der in den Köpfen als grüne Hölle ein bestimmtes Bild auslöst, ist der bereits mehrfach erwähnte Tief- oder Flachlandregenwald. Hier lebt *E. captivus*, und hier sind die Niederschlagsmengen zwar geringer als in den Bergregenwäldern, aber im Vergleich zu Mitteleuropa immer noch herausragend hoch. Sie liegen meist zwischen 2.000 und 4.000 mm pro Jahr, was bedeutet, dass, wenn man die Menge des über ein Jahr gefallenen Niederschlages beispielsweise in einer Röhre sammeln würde, der Pegel in dieser Röhre nach einem Jahr bei 2–4 m Höhe läge! Zum Vergleich: In der Bundesrepublik Deutschland beträgt die durchschnittliche jährliche Regenmenge etwa 800 mm.

Diese Felskliffs in der Provinz Pongará sind Lebensraum einer vor kurzem neu entdeckten Population von *Excidobates mysteriosus*
Foto: T. Ostrowski

Bromelien sind für Marañón-Baumsteiger sehr wichtig
Foto: D. Schulten

Tieflandregenwälder reichen je nach Region bis zu einer Meereshöhe von etwa 800 m ü. NN, die durchschnittliche Temperatur liegt meist deutlich höher als in den Bergregenwäldern und ist kaum jahreszeitlichen Schwankungen ausgesetzt; allerdings gibt es Ausnahmen. Das Kronendach ist in der Regel sehr dicht, die Bäume wachsen deutlich höher, und aus dem Kronendach ragen immer wieder einzelne Urwaldriesen mit Höhen von mehr als 60 m heraus, die sogenannten Überständer. Der Bewuchs unterhalb des Kronendachs muss mit weniger Sonneneinstrahlung auskommen als die entsprechende Vegetation der Bergregenwälder. Dadurch sind auch die Böden im Tiefland weniger stark bewachsen, der Wurzelgeflecht- und Laubanteil ist im Verhältnis zu den bodenlebenden Pflanzen aber größer. Alle gesicherten Funde von *E. captivus* fallen in diesen Typus des Flachlandregenwaldes. Speziell die Typuslokalität der Art rund um den Río Santiago zeichnet sich durch zerklüftete, unzugängliche und dadurch noch fast unberührte Gebiete mit solchen primären Regenwaldbeständen aus.

Die dritte Art schließlich, *E. mysteriosus*, lebt in etwas größeren Höhen zwischen 900 und 1.600 m ü. NN, nicht aber in den oben genannten Bergregenwäldern. Die Art scheint eher trockene Buschwälder zu bevorzugen, in denen sich – auch durch die Lage an weniger stark beregneten Hängen bedingt – für große Bäume nur schlechte Wachstumsbedingungen bieten und die daher von niedrigerem Gehölz geprägt sind. Zudem gibt es dort viele Bromelien, die *E. mysteriosus* den benötigten Lebensraum bieten.

Rechtliches, Erwerb, Transport und Quarantäne

Excidobates mysteriosus wird seit Beginn der 1980er-Jahre regelmäßig auf Börsen, aber auch privat oder in jüngerer Zeit in Internetforen und ähnlichen Märkten angeboten. Man sollte wissen, woher die Tiere beziehungsweise der ganze Zuchtstamm kommen, denn ursprünglich wurden alle Tiere illegal nach Deutschland eingeführt! Aus diesem Grund gilt zum Beispiel im Internetforum DendroBase eine Sperrung des Züchtereintrages unter anderem für *E. mysteriosus* und *E. captivus*. Das Ursprungsland Peru hat zum Schutz ein striktes Handelsverbot für diese Froscharten erlassen. Damit gibt es keine legalen Exporte mit gültigen Papieren aus Peru. Ohne originale CITES-Bescheinigungen bleiben aber auch hier in Deutschland gehandelte *Excidobates* illegal – oder es gilt eine geduldete „Teillegalität".

Excidobates condor ist aktuell gar nicht im Handel erhältlich, und auch *E. captivus* ist – zumindest nicht legal – zu bekommen. Allerdings gibt es für *E. mysteriosus* Erhaltungszuchten innerhalb eines globalen Ex-situ-Zuchtprojektes, an dem auch Zoos aus dem gesamten deutschsprachigen Raum gemeinsam mit Privatzüchtern beteiligt sind. Die Gründertiere stammen aus verschiedenen Beschlagnahmungen, wurden eingezogen und zoologischen Gärten überstellt. Nachzuchten dieser Zuchtgruppen gelten für die deutschen

Manche Tiere kommen auch durch Beschlagnahmungen in unsere Haltung
Foto: S. Honigs

Behörden als legal. Auch wenn *E. mysteriosus* inzwischen erfolgreich und in nicht geringen Mengen nachgezüchtet wird, ist der Status nach wie vor nicht ganz geklärt. Im Sinne des Artenschutzes, vor allem in Hinblick auf den rasant schwindenden Lebensraum, sind solche Nachzuchten in menschlicher Obhut möglicherweise die einzige Überlebenschance für *E. mysteriosus.* Denn noch immer gibt es Schmuggelversuche aus der Natur, obwohl regelmäßig gesunde Nachzuchten zur Verfügung stehen.

Erwerb von *Excidobates*

Zahlreiche Informationen zum Thema Tiertransport und -haltung sind erhältlich – und zu beachten! Foto: S. Honigs

Vor dem Kauf eines Tieres steht immer die intensive Beschäftigung mit der jeweiligen Art, ihren Lebensbedingungen, ihrer Lebensdauer und den Bedürfnissen. Nachdem sich der zukünftige Halter intensiv über die Grundbedürfnisse seiner gewünschten Pfleglinge informiert hat, kann das Terrarium entsprechend den Bedürfnissen der Frösche eingerichtet werden. Dies sollte schon einige Zeit, bevor die Tiere gekauft beziehungsweise abgeholt werden, erfolgen. So haben die Pflanzen die Möglichkeit anzuwachsen, und gleichzeitig kann kontrolliert werden, ob die Temperatur, die Benebelung und die Beleuchtung stimmen oder ob alle wasserführenden Leitungen dicht sind und – wenn vorhanden – der Bachlauf kein unerwünschtes Eigenleben entwickelt.

Bei einem persönlichen Besuch des Züchters kann der zukünftige Halter viel über seine neuen Pfleglinge erfahren und wertvolle Tipps aus erster Hand mitnehmen. Während dieses Besuches sollte man den ersten Eindruck ruhig auf sich wirken lassen. Natürlich darf nicht erwartet werden, dass jedes Zuchtterrarium wie ein Schauterrarium eingerichtet ist, welches man vielleicht selber im Wohnzimmer stehen hat. Zuchtterrarien sind häufig zweckmäßig eingerichtet. Es sollten aber keine toten Futtertiere oder Kot in größeren Mengen in den Terrarien zu sehen sein, die Zuchttiere müssen gesund und agil erscheinen. Werden die Frösche über einen Händler beziehungsweise im Einzelhandel erworben, vertraut der Käufer darauf, dass sie aus einer art- und tiergerechten Zucht stammen.

Generell sollte beim Kauf der Tiere stets nach einem Herkunftsnachweis gefragt und dieser auch eingefordert werden. Solange die Legalität der Tiere bei uns nicht abschließend geklärt ist, ist es umso wichtiger, einen solchen Herkunftsnachweis in Händen zu halten. Da alle Arten der Gattung *Excidobates* im CITES-Anhang II und im Anhang B der EG-Verordnung 338/97 gelistet sind, müssen die Tiere bei der zuständigen Behörde unter Vorlage dieses Herkunftsnachweises angemeldet werden. *Excidobates mysteriosus* und *E. captivus* gelten darüber hinaus nach dem Bundesnaturschutzgesetz (BNatSchG, Status „b"), in dem *E. condor* (noch) nicht zu finden ist, als streng beziehungsweise „besonders geschützt".

Die angebotenen Tiere müssen vor dem Erwerb natürlich gründlich betrachtet wer-

Gesetze und Vorschriften

Zum Schutz und Erhalt der wildlebenden Fauna und Flora sind zahlreiche Regelungen, Verordnungen und Gesetze notwendig. Besonders als Halter exotischer Tiere, zu denen in der Regel alle Amphibien zählen, sollte man Kenntnis über die Gesetzeslage haben und sich auch regelmäßig über Änderungen informieren. Denn Unwissenheit schützt vor Strafe nicht! Neben dem Tierschutzgesetz, das jedem Tierhalter bekannt sein sollte und den Schutz des Individuums „Tier", gleich welcher Art, in Deutschland regelt, sind zudem noch Rechtsvorschriften zum Schutz der Tierart zu beachten.

Die Verordnung (EG) Nr. 338/97 des Rates über den Schutz von Exemplaren wildlebender Tier- und Pflanzenarten durch Überwachung des Handels regelt als Europäische Artenschutzverordnung (Anhänge A bis D) den Handel mit den darin aufgeführten Arten. Generell liegt dieser Verordnung das Washingtoner Artenschutzübereinkommen (CITES – Convention on International Trade in Endangered Species of Wild Fauna and Flora) mit den Anhängen I, II und III zu Grunde. Alle im WA-Anhang II gelisteten Tierarten finden sich im Anhang B der EG-Artenschutzverordnung – wie eben auch die Gattung *Excidobates*. Hier wird unter anderem davon ausgegangen, dass ein uneingeschränkter und unkontrollierter Handel solcher Arten die Existenz der wildlebenden Populationen gefährdet. Für ihre Haltung sind keine Genehmigungen erforderlich, die Tiere müssen der zuständigen Behörde jedoch gemeldet werden. Dies bedeutet, dass auch jede Bestandsveränderung angezeigt werden muss. Mit der Behörde kann hierzu, besonders bei zahlreichen Veränderungen durch regelmäßige Nachzuchten etc., das Prozedere auch abgesprochen werden: So finden nach Absprache häufig nur ein bis zwei Bestandsmeldungen pro Kalenderjahr statt. Um dies ordnungsgemäß gewährleisten zu können, ist eine akkurate Buchführung durch den Halter notwendig. Tiere der Anhänge B bis D der EG-Artenschutzverordnung (beziehungsweise der CITES-Anhänge II und III) müssen nicht gekennzeichnet sein. Bei den unter „Weitere Informationen" aufgeführten Verbänden findet ein jeder auch zu Rechtsfragen Hilfestellung und Rat.

Gesunde Frösche bilden den Grundstock für eine erfolgreiche Haltung und die Grundlage für Freude am Hobby Terraristik
Foto: D. Schulten

den. Eigentlich sollten Amphibien wegen ihrer meist sehr empfindlichen Haut nicht angefasst werden, aber dies lässt sich oft kaum vermeiden, um auch die Bauchseite der Tiere zu kontrollieren. Stets sind beim Ergreifen der Tiere die Hände vorher gründlich zu waschen und/oder Handschuhe zu tragen, um Krankheitsübertragung zu vermeiden. Mit Handschuhen lässt sich zudem das Risiko einer Übertragung von Hautgiften ausschalten. Außerdem sollten die Hände beziehungsweise Handschuhe stets angefeuchtet werden, um die amphibische Hautoberfläche möglichst wenig zu reizen. Der Frosch wird nun ergriffen und rasch gründlich auch von der Unterseite begutachtet. Die Tiere können zum genaueren Betrachten auch in ein sauberes durchsichtiges Gefäß gesetzt werden; eine Heimchendose bietet sich für diese relativ kleine Froschklientel an.

Bei der Betrachtung der Frösche gilt es vieles zu beachten: Sind die Tiere agil und aufmerksam? *Excidobates*-Arten sind im gesunden Zustand nicht gerade phlegmatisch. Zwar sind diese Frösche nicht besonders hektisch, bewegen sich aber doch recht viel und bleiben zum Beispiel nicht auf den Rücken gedreht liegen, sondern sollten sich sofort wieder herumdrehen. Sie kennen auch keine Schockstarre wie andere Froscharten.

Wie schaut die Hautoberfläche aus? Die Haut muss auf Verletzungen, Läsionen und Trübungen hin untersucht werden. Sie sollte feucht glänzend sein und keinesfalls stumpf und trocken. Was ist, wenn ich dem Frosch in die Augen schaue? Diese sind bei gesunden Tieren ebenfalls ungetrübt und glänzen.

Bewegen sich die Tiere normal? *Excidobates* sind weder reine Springer noch reine Läufer, sie bewegen sich auf beide Arten vorwärts. Dabei sollten sie nicht taumeln, hinken, einseitig Beine belasten oder gar umfallen. Die Vorderbeine sind besonders zu begutachten. Hier gilt es zu verhindern, dass Tiere mit Streichholzbeinchen erworben werden; das heißt, die Vorderbeine müssen im Verhältnis zum Körper gut proportioniert sein und den Körper gut hochstemmen können.

Wie schaut der Kot aus? Wenn der Käufer besonderes Glück hat und einen frischen Kothaufen betrachten kann, sollte dieser wohlgeformt sein und nicht matschig oder breiig, was auf einen Parasitenbefall oder andere Darmprobleme hinweisen könnte. Auch ein Darmvorfall deutet auf massive Probleme und sollte natürlich nicht auftreten.

Das Geschlecht ist bei *Excidobates* nicht einfach festzustellen. Weibchen sind durchweg größer und vor allem massiger gebaut, dies ist aber nur bei entsprechend älteren Tieren zu erkennen. Auch die auffälligen Rufe der Männchen sind erst bei den Adulti zu hören. Zumindest bei *E. mysteriosus* haben eigene Erfahrungen gezeigt, dass sich die Grundfarbe bei Männchen und Weibchen etwas unterscheidet: Während sie bei weiblichen Tieren eher einem Milchschokoladenbraun entspricht, sind die männlichen Tiere zartbitter gefärbt. Das ist aber sicher keine 100%ige Methode. Da sich die Geschlechter sowohl miteinander als auch untereinander recht gut vertragen und kaum innerartliche Aggression zeigen, stellt es aber kein Problem dar, wenn im Terrarium ein Überschuss eines Geschlechts auftritt – jedenfalls nicht in einem gut strukturierten Becken mit ausreichend Versteckmöglichkeiten.

Seltsame Zahlen

In der Zoologie wird die Anzahl der Männchen und Weibchen beschrieben, indem eine Zahl vor dem Komma die Anzahl der Männchen, die Zahl hinter dem Komma die Anzahl der Weibchen angibt; zum Beispiel bedeutet „1, 2" ein Männchen und zwei Weibchen. Jungtiere und Tiere noch unklaren Geschlechtes stehen hinter einem weiteren Komma, und „1, 2, 3" bedeutet ein Männchen, zwei Weibchen und drei Tiere unbekannten Geschlechtes.

Transport

Nach dem erfolgreichen Erwerb müssen die Tiere auch sicher in ihr neues Heim transportiert werden. Hierzu werden die Frösche in adäquater Anzahl in kleine Faunaboxen, Heimchendosen oder auch umfunktionierte Plastikgefäße wie Haushaltsdosen (sofern sie mit Luftlöchern versehen wurden) gesetzt. Ein Beispiel für eine „adäquate Anzahl" von Fröschen: In einer klassischen Heimchendose (Maße 10,5 x 10,5 x 6 cm) sollten nicht mehr als vier frisch metamorphosierte Jungfrösche oder ein adultes Tier transportiert werden.

Für welche Lösung man sich auch immer entscheidet, in allen Fällen ist darauf zu achten, dass sich die Frösche während des Transportes nicht verletzen können; zum Beispiel können selbstangebrachte Lüftungslöcher eine Gefahr bergen, wenn nach innen scharfkantige Grate entstehen. Hüpfen die Tiere während des Transportes in ihren kleinen Behältnissen, können sie sich daran unangenehme Verletzungen zuziehen. Also nach dem Bohren solche Grate bitte entfernen oder beim Durchstechen eines dünneren Plastikdeckels darauf achten, dass von innen nach außen gestochen wird – so entstehen die Grate auf der Außenseite. Aus diesem Grunde sind auch viele Heimchendosen nicht für den Transport geeignet, weil die Lüftungslöcher in den Seiten die Grate nach innen bilden! Einfach mit den Fingern testen: Wenn die Fläche für Sie schon rau ist, ist sie für Amphibienhaut ganz sicher ungeeignet.

Selbst im Handel erhältliche Faunaboxen können, wenn die Kunststoffdeckel scharfkantig sind, ungeeignet sein. Sollte dies der Fall sein, kann eine weiche Stoffgaze zwischen Rand und Deckel eingespannt werden. So wird verhindert, dass sich die Tiere zum Beispiel die Schnauzen wundschürfen.

Um ein Austrocknen während des Transportes zu verhindern, wird der Boden der Transportbox mit einem leicht angefeuchteten Papierküchentuch ausgelegt.

Die Transportboxen müssen sicher verschlossen sein! Es bereitet keinerlei Vergnügen, einen 3 cm großen Frosch im Auto zu suchen! Im Zweifel den Deckel mit Klebeband sichern – hierbei jedoch nicht die Luftlöcher zukleben!

Da alle Amphibien poikilotherm (wechselwarm) sind, können sie ihre Körpertemperatur nicht selbstständig halten. Sie regulieren sie, indem sie sich an wärmeren oder kühleren Orten aufhalten – und sind somit von der Außentemperatur abhängig. Sowohl Unterkühlung als auch Überhitzung können den Tod zur Folge haben! Logischerweise ist dies auch beim Transport zu beachten. Die kleinen Transportbehälter sollten daher in einer größeren Styroporbox gelagert werden. Starke Schwankungen der Innentemperatur werden so unwahrscheinlicher.

Die Temperatur innerhalb der Box kann im Winter zum Beispiel

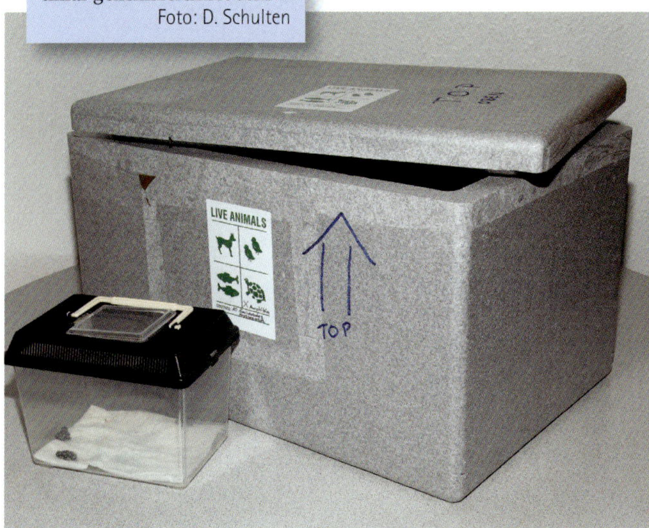

Transportkisten müssen optimal gekennzeichnet sein
Foto: D. Schulten

durch ein warmes Kirschkernkissen oder eine Wärmflasche erhöht werden. Hierbei ist zu beachten, dass die Tiere aber auch nicht überhitzen können. Im Sommer dagegen reduziert man die Temperatur durch eine mit kühlem Wasser gefüllte Wärmeflasche oder regelmäßiges Lüften im klimatisierten Auto. Sollte man unsicher sein, bietet es sich an, zur Kontrolle ein Thermometer mit in die Styroporbox zu legen. Es ist auf jeden Fall auch zu vermeiden, dass die tierischen Passagiere Luftzug abbekommen! Lungenentzündungen sind erstens kaum früh genug zu erkennen und kommen zweitens daher einem Todesurteil gleich.

Für den Fall, dass Kaulquappen erworben werden, lassen sich diese recht einfach in im Aquaristikbedarf erhältlichen Beuteln transportieren. Um eine ausreichende Menge Sauerstoff im Beutel zu gewährleisten, ist ein Verhältnis von Wasser zu Luft von 1 : 3 angebracht. Auch die Beutel werden wiederum in einer Styroporbox transportiert, denn für die Temperatur gelten hier ebenfalls die oben gemachten Aussagen. Bei dem verwendeten Wasser sollte es sich um das Wasser handeln, in dem die Kaulquappen zuvor geschwommen sind, und nur ein kleiner Anteil kann mit Frischwasser aufgefüllt werden. Problematisch beim Erwerb von Kaulquappen ist allerdings die Überprüfung der Gesundheit. Zwar kann man meist gut erkennen, ob sie einwandfrei schwimmen, aber es ist unmöglich vorherzusagen, wie ihre weitere Entwicklung ablaufen wird und ob sich während der Metamorphose zum Beispiel Streichholzbeinchen ausbilden oder andere Fehlentwicklungen auftreten.

Sowohl innerhalb der Styroporbox als auch innerhalb des Fahrzeugs ist zu verhindern, dass die transportierten Tiere hin und her geschleudert werden. Die Transportbehälter beziehungsweise Beutel müssen in der Styroporbox also rutschsicher gepolstert sein, zum Beispiel mit Zeitungspapier. Die Styroporbox selbst muss natürlich ebenfalls gegen Umkippen und Rutschen gesichert im Auto untergebracht sein.

Praxistipp

Wer für den Transport keine Wärmflasche zur Hand hat, kann auch eine einfache PET-Flasche verwenden. Diese, mit warmem oder kaltem Wasser gefüllt und gegebenenfalls mit einem Geschirrtuch umwickelt, sorgt ebenso zuverlässig für die notwendige Wärme oder Kühlung. Die Transportboxen dürfen jedoch nicht direkt auf die Wärme- beziehungsweise Kältequelle gesetzt werden! Legen Sie einfach eine Pappe oder etwas zerknäultes Altpapier dazwischen.

PET-Flaschen können mit warmem oder kaltem Wasser gefüllt die Temperatur in der Styroporbox nach Wunsch beeinflussen Foto: D. Schulten

Sollten Tiere per Luftfracht verschickt werden, sind hierbei zwingend die Luftfracht- und Zollbestimmungen zu beachten. Genauere Informationen sind bei der zuständigen Zollbehörde zu erfragen. Um die Luftfrachtbestimmungen zu vereinheitlichen, regelt die International Air Transport Association (IATA) unter anderem den Transport von Tieren und ihre Unterbringung im Flugverkehr. Wer auf Nummer sicher gehen möchte, beauftragt einen professionellen Tiertransporteur für Luftfracht. Bei einem Flugtransport ins Ausland ist bei *Excidobates*-Arten jedoch zu bedenken, dass es aufgrund des unklaren Legalitäts-Status bereits bei der Anmeldung einer Aus- beziehungsweise Einfuhr zu großen Problemen kommen kann. Hierzu ist im Vorfeld eine Beratung durch das Bundesamt für Naturschutz (BfN) hilfreich.

Quarantäne

Wenn die frisch erworbenen Tiere endlich daheim angekommen sind, ziehen sie nicht gleich in das fertig eingerichtete Terrarium um, sondern für mindestens sechs, besser acht Wochen in ein Quarantäneterrarium. Dies gilt insbesondere, wenn die Neulinge eine schon bestehende gesunde Zuchtgruppe ergänzen sollen.

Ein solches Quarantäneterrarium ist nur mit dem eingerichtet, was wirklich benötigt wird, und die klimatischen Bedingungen müssen natürlich den Ansprüchen der Pfleglinge gerecht werden. Als Ausnahme kann gelten: Um eine Infektion mit *Batrachochytrium dendrobatidis* bei neu erworbenen Tieren auszuschließen, können die Frösche einige Tage dem Temperaturoptimum (17–25 °C) für das Wachstum des Pilzes ausgesetzt werden, was sogar weitgehend den bevorzugten Temperaturbedingungen von *Excidobates mysteriosus* entspricht. Wird die Temperatur nun recht plötzlich abgesenkt, entsteht Temperaturstress bei den Fröschen. Bei einer tatsächlichen (noch versteckten) Infektion ist die Wahrscheinlichkeit dann groß, dass die infizierten Tiere Symptome zeigen oder vielleicht sterben. Das ist zwar sehr traurig und ärgerlich, aber man hat nach einer anschließenden Untersuchung des verstorbenen Tieres durch ein entsprechendes Institut wenigstens Sicherheit (vgl. Kapitel „Der Chytridpilz“).

Alle Einrichtungsgegenstände sollten abwaschbar, wenn möglich sogar desinfizierbar und/oder mit heißem Wasser abbrausbar sein. Als Wasserbehältnisse bieten sich unter anderem emaillierte Schalen aus dem Floristik- oder Heimtierbedarf an, als Versteck- und Klettermöglichkeiten aus Kunststoff zum Beispiel robuste Plastikpflanzen oder Joghurtbecher. Alle Gebrauchsgegenstände wie Pinzetten und Ähnliches sind nur für dieses Terrarium zu verwenden, nach Gebrauch stets zu reinigen und zu desinfizieren. Nicht alle Desinfektionsmittel sind hierbei gleich wirksam, und sie haben unterschiedlich lange Einwirkzeiten. Es gibt bakterizide (gegen Bakterien wirksame), viruzide (gegen Viren), fungizide (gegen Pilze) und sporizide (gegen Pilzsporen) Mittel. Ein fungizides Mittel ist zum Beispiel nicht gleichzeitig auch gegen Pilzsporen wirksam! Das ist im Kampf gegen Chytrid zu beachten. Außerdem dürfen bestimmte Desinfektionsmittel nicht ins Grundwasser gelangen. Die Wirksamkeiten und Verfahrensweisen sind stets in der Gebrauchsanweisung beschrieben. Weitere Informationen sind beim Hersteller oder bei einem Tierarzt erhältlich.

Alle Gebrauchsgegenstände sollten nach Gebrauch sofort desinfiziert werden. Nach dem Desinfizieren ist es ganz wichtig, die Gebrauchsgegenstände auch wieder gründlich zu spülen, denn die Tiere dürfen natürlich nicht mit Desinfektionsmittelrückständen in Berührung kommen. Das Spülen kann von Hand oder einer Spülmaschine, die ohne Spülmittel genutzt wird, erledigt werden.

Es bietet sich an, bei der Arbeit im Terrarium Einmalhandschuhe zu nutzen. Um nicht zur Verbreitung der Chytridiomykose beizutragen, werden alle Abfälle gesammelt, und der ausgetrocknete Müll wird fest verschlossen in den Hausmüll gegeben. Besteht Verdacht auf Chytrid, muss das Wasser aus dem Terrarium aufgefangen und vor der „Verklappung“ abgekocht werden.

Im besten Fall befindet sich ein solches Quarantäneterrarium nicht im selben Raum wie bereits vorhandene Terrarien, und wichtig ist auch, dass Tiere, die von unterschiedlichen Quellen bezogen wurden, in getrennten Quarantäneterrarien untergebracht werden müssen. Natürlich müssen auch in diesem Fall alle Gebrauchsgegenstände strikt getrennt benutzt werden.

Die neuen Pfleglinge sollten im Quarantäneterrarium täglich gut beobachtet werden. Verhaltensauffälligkeiten sind in dieser Umgebung viel leichter festzustellen. Natürlich liegt der Verdacht auf eine Erkrankung nahe, wenn plötzlich und ohne ersichtlichen Grund Tiere versterben. Doch auch wenn dies nicht geschieht, bedeutet es nicht, dass alle Frösche kerngesund sind. Durch verschiedene Untersuchungen können einige Erkrankungen ausgeschlossen werden. Hierzu können Kotproben zu Beginn und zum Ende der Quarantäne genommen und zur Untersuchung an ein entsprechendes Institut oder einen sachverständigen Veterinär gesandt werden, ebenso Proben für einen Chytridtest (siehe Kapitel „Der Chytridpilz"). Wie solche Proben genommen, verpackt und verschickt werden, wird von den einzelnen Instituten meist genau beschrieben. Weitere Hinweise erteilt der Tierarzt.

Wenn die Ergebnisse negativ (also ohne Befund) und die Tiere soweit unauffällig sind, können die Frösche endlich in ihre neue Unterkunft einziehen. Sollten allerdings Behandlungen nötig sein, beginnt die Quarantänezeit nach Abschluss der Behandlung von neuem.

Da sich eine Probenentnahme bei Kaulquappen als sehr schwierig erweist, sollten diese so lange in Quarantäne bleiben, bis nach der Entwicklung zu Jungfröschen sichergestellt ist, dass auch diese Tiere gesund sind. Vorsicht: Bestimmte Erkrankungen, wie die bereits mehrfach erwähnte Chytridiomykose, können von den Larven auch übertragen werden, ohne dass sie selbst Symptome zeigen.

Neben den täglichen Arbeiten, zu denen das Entfernen von Kot und Futterresten, die Kontrolle des Wassers usw. gehören, wird das Quarantäneterrarium mindestens einmal in der Woche gründlich gereinigt. Hierbei werden alle Flächen im Terrarium abgewaschen und besonders verdreckte Einrichtungsgegenstände unter Umständen ersetzt. Natürlich dürfen dabei keine Desinfektions- und Reinigungsmittel verwendet werden. Da diese Reinigung nicht besonders lange dauert und *Excidobates* nicht wirklich ängstliche Tiere sind, können die Bewohner dabei ruhig im Terrarium verbleiben.

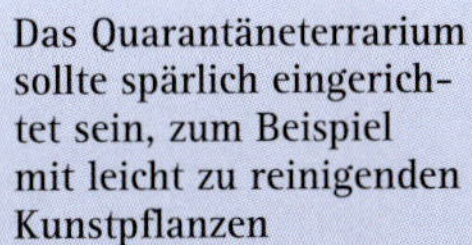

Das Quarantäneterrarium sollte spärlich eingerichtet sein, zum Beispiel mit leicht zu reinigenden Kunstpflanzen
Foto: D. Schulten

Das Terrarium

Um eine Gruppe von sechs *Excidobates mysteriosus* zu pflegen, wird ein Terrarium mit einer Grundfläche von mindestens 50 x 50 cm und einer Höhe von 60 cm benötigt. Im Fachhandel gehören diese Maße zu den Standardgrößen der sogenannten Dendrobatiden-Terrarien, die dann mit einer nach vorn abgeschrägten Bodenplatte, einer vorne liegenden Wasserrinne sowie Abfluss und Lüftungsgazen vorn und im Deckel ausgestattet sind. Natürlich sind die genannten Maße nur Mindestmaße und dürfen auch durchaus größer ausfallen. Sollten mehr Tiere gepflegt werden, muss das Terrarium ebenfalls größer sein. Es gilt aber zu beachten, dass bei einem größeren Terrarium die Pfleglinge auch schwerer zu finden sind und sich so unter Umständen der Kontrolle entziehen. Dann ist ein gut einsehbarer Futterplatz zur optischen Kontrolle der Gesundheit der Tiere von Vorteil.

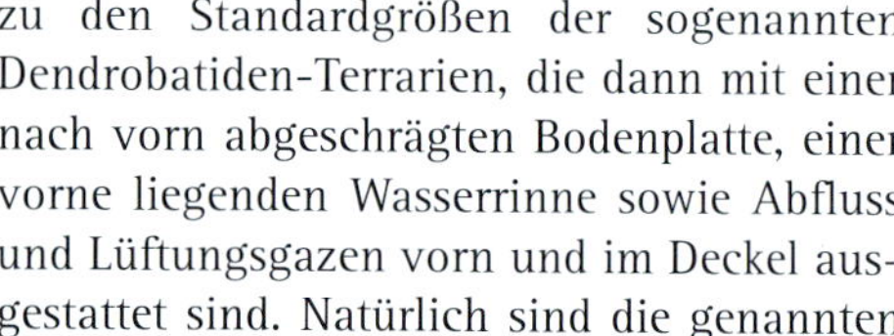

Dieses Schauterrarium für *Excidobates mysteriosus* im Zoo Halle ist reich mit Bromelien bepflanzt
Foto: S. Honigs

Die Form des Terrariums bleibt den eigenen Wünschen überlassen, solange Fläche und Höhe angemessen sind und das Becken auch eingerichtet noch genügend Raum für die Tiere bietet. Sonderanfertigungen von Terrarien, die zum Beispiel an eine bestimmte Zimmerecke angepasst sind, sind aber kostspielig. Jedem handwerklich begeisterten Terrarianer ist es natürlich auch möglich, sich sein Traumterrarium selber zu bauen. Nur immer daran denken: Es ist Wasser im Spiel und das sucht sich bekanntlich seine Wege ...

Geräumige Terrarien, die dicht bepflanzt sind, sind ein echter Hingucker – wie hier im Zoo Köln
Foto: S. Honigs

Der richtige Standort

Es ist zunächst zu überlegen, wo das Terrarium in der Wohnung stehen soll, denn dabei spielen einige Faktoren eine wichtige Rolle. So kann sich ein Terrarium zum Beispiel unkontrolliert aufheizen, wenn es direkt an einem Fenster auf der Sonnenseite des Hauses platziert wurde. Dies kann zum Tod der Bewohner führen!

Weiterhin wird in einem Amphibienterrarium viel mit Wasser gearbeitet. Es sorgt für wenig Begeisterung, wenn bei jeder Reinigung der Teppichboden nass oder das Parkett aufgequollen ist. Auch die Stromversorgung muss gewährleistet sein. Die Steckdosen müssen so platziert sein, dass sie nicht mit Wasser in Berührung kommen können. Für Wasserpumpe, Vernebler und Beleuchtung sollten keine Mehrfachstecker, sondern jeweils eigene Steckdosen vorgesehen werden, um eine Überlastung zu vermeiden.

Außerdem ist das Gewicht des Terrariums zu beachten. Es handelt sich zwar nicht um sehr große Terrarien, und sie beinhalten auch keine großen Mengen Wasser, aber es können bei einem volleingerichteten Terrarium schon 20 kg und mehr zusammenkommen. Das muss bei der Wahl des Untergestells berücksichtigt werden, zumal es oft nicht bei einem Terrarium bleibt.

Ein Platz direkt neben dem Fernseher oder den Boxen der Stereoanlage ist für ein Terrarium nicht geeignet. Es ist noch nicht restlos geklärt, wie sich Nikotin auf die Gesundheit der Frösche auswirkt. Dass es die Tiere gefährden kann, ist aber umso verständlicher, da bei Fröschen auch durch die Hautatmung Nikotin über die Haut aufgenommen werden kann. Eigene Erfahrungen im Bereich der Insektenzucht zeigen jedenfalls, dass Nikotin durchaus negative Auswirkungen haben dürfte.

Das Terrarium und die Futtertierzucht sollten also nicht in einem von Rauchern stark frequentierten Raum stehen. Das Schlafzimmer ist in Hinblick auf die möglicherweise nachts trillernden Frösche auch kein guter Ort für ein Terrarium.

Schauterrarium für *Excidobates mysteriosus* im Aquazoo Löbbecke Museum Düsseldorf: Ein Wasserlauf bereichert den Lebensraum Foto: S. Honigs

Einrichtung

Bei der Einrichtung eines *Excidobates*-Terrariums gibt es unzählige Variationsmöglichkeiten. Sie reichen vom einfachen Becken, das nur mit leicht zu reinigendem Bodengrund, einigen Versteckmöglichkeiten und einer Bromelie eingerichtet ist, bis zum dekorativen Schaubecken, bei dem die Rück- und Seitenwände aufwändig gestaltet und ein regelrechter kleiner Dschungel eingepflanzt wurde. Solche naturnah eingerichtete Terrarien sehen selbstverständlich wunderbar aus, aber sie bergen den Nachteil, dass sie nicht so leicht sauber zu halten sind. Je aufwändiger sie eingerichtet sind, desto schwieriger wird die Reinigung!

Fertige Rück- und Seitenwände in verschiedenen Ausführungen sind im Terrarien- oder Aquarienbedarf erhältlich. Handwerklich Begabte können ihr Terrarium auch ganz individuell gestalten und die Wände mittels Styrodurplatten, die in verschiedenen Stärken erhältlich sind, und/oder Bauschaum verkleiden. So können Etagen, Pflanztöpfchen, kleine Wasserläufe und Ähnliches eingebaut werden. Mit eingefärbtem lebensmittelechtem Epoxidharz werden die gestalteten Wände überzogen. Solange das Harz noch nicht ausgehärtet ist, kann es zum Beispiel mit getrockneter Blumenerde, Erde aus Humus-Bricks, Kokosfasern oder verschiedenen Sanden bestreut werden. So entsteht eine naturnahe Oberfläche. Genauere Bauanleitungen, Anregungen sowie Tipps und Tricks zur Terrariengestaltung sind in der einschlägigen Fachliteratur zu finden (siehe auch „Weitere Informationen").

Bei der Terrariengestaltung muss immer bedacht werden, dass Rück- und Seitenwände, je aufwändiger sie gestaltet sind, natürlich die Grundfläche im Inneren verkleinern. Daher ist es von Vorteil, sich schon vor dem Kauf eines Terrariums Gedanken über seine Inneneinrichtung zu machen und die Terrariengröße entsprechend anzupassen. Bei der Haltung von *Excidobates*-Arten spielt auch die Bepflanzung bei der Festlegung der Terrariengröße eine entscheidende Rolle. Denn die von den Tieren bevorzugten Pflanzen sind große, ausladende Bromelien, die im Terrarium viel Raum einnehmen. Eine stattliche Bromelie, die in ein zu kleines Terrarium gequetscht wird, ist kein schöner Anblick, und eine gute Planung im Vorfeld ist hier besonders wichtig.

Neben den eingesetzten Pflanzen können natürlich auch andere Naturgegenstände wie Steine oder Äste als Klettermöglichkeiten oder zur Strukturierung des Terrariums eingebaut werden. Der Zoofachhandel bietet eine breite Palette an geeigneten Einrichtungsgegenständen, aber auch Fundstücke von einem Spaziergang im Grünen können zum Einsatz kommen. Zur Sicherheit und damit keine Krankheitserreger aus der Natur eingebracht werden, sollten solche Gegenstände über mehrere Tage austrocknen und/oder im Backofen auf ca. 90 °C erhitzt werden. Abkochen mit heißem Wasser ist ebenfalls eine gute Methode, um Gegenstände zu reinigen. Bei Ästen sollte eingeplant werden, dass diese im Terrarium der Verrottung ausgesetzt sind und je nach Holzart in mehr oder weniger regelmäßigen Abständen aus-

Mit Xaxim-Platten und fertig vorbereiteten Pflanzbehältern können Rückwände natürlich gestaltet werden
Foto: B. Pelzer

Reine Zuchtterrarien können einfach eingerichtet sein
Foto: D. Schulten

Kokos-Bricks ergeben nach dem Aufquellen viel Substrat und sind als Bodengrund gut geeignet
Foto: D. Schulten

getauscht werden müssen. Äste sollten daher nicht fest eingeklebt, sondern lediglich so im Becken fixiert werden, dass sie wieder leicht entfernt werden, aber auch nicht abstürzen können. Bei allen Einrichtungsgegenständen, also auch bei selbstgebauten Rückwänden, muss darauf geachtet werden, dass keine scharfkantigen Grate entstehen, an denen sich die Frösche verletzen könnten.

Gerade für ein Terrarium, in dem Jungtiere aufgezogen werden sollen, kann es sinnvoll sein, einen oder mehrere Äste oder Xaxim-Stücke als Ausstieg in das Wasserbecken ragen zu lassen. Normalerweise ertrinken zwar weder Adulte noch Juvenile, aber dieser Fall kann eben doch auch eintreten, da es sich zwar um Frösche handelt, ihr Schwimmvermögen jedoch stark eingeschränkt ist.

Wenn Bodengrund eingebracht werden soll – was für den Marañón-Baumsteiger nicht unbedingt nötig, für ein naturnahes Terrarium aber zumindest empfehlenswert ist –, hat sich eine einfache Variante der Dendrobatiden-Terrarien bewährt. Der Boden wird zunächst mit einer Schicht aus gründlich ausgewaschenem Seramis bedeckt, hierauf wird eine zurechtgeschnittene Xaxim-Platte gelegt, die wiederum mit Moos, anderen Pflanzen und/oder einer Schicht aus Laub bedeckt werden kann.

Fertige Rückwände können in Kombination mit einer natürlichen Einrichtung wahre Schmuckstücke sein (Zoo Köln)
Foto: S. Honigs

So bleibt der Boden zwar feucht – dafür sorgen Moos, Laubschicht und die Xaxim-Platte –, aber es bildet sich keine Staunässe, da das überflüssige Wasser leicht durch das Seramis in die vorhandene Rinne ablaufen kann.

Als Laubschicht bietet sich Eichen- oder Buchenlaub an, das am besten im Winter nach einer längeren trockenen Kälteperiode eingesammelt und dann trocken und kühl gelagert werden kann. Durch die längere Kältephase wurden eventuelle Keime und Krankheitserreger schon abgetötet, und ihr möglicher Eintrag durch das Laub kann so verhindert werden.

Eine dichte Bepflanzung mit *Ficus pumilo* sorgt für ein gutes Klima im Dendrobatiden-Terrarium
Foto: S. Honigs

Bepflanzung

Bei der Bepflanzung des Terrariums kann der Phantasie in weiten Teilen freien Lauf gelassen werden, denn der Terrarianer kann auf ein großes Angebot an exotischen und leicht zu pflegenden Pflanzen zurückgreifen. Im Handel sind zahlreiche Arten zu finden, die sogar aus den Lebensräumen der Frösche stammen. Es ist jedoch Vorsicht geboten, denn viele Pflanzen werden heute mit Pestiziden oder anderen für Amphibien gesundheitsschädlichen Stoffen behandelt.

Bei der Auswahl der Pflanzen ist auch zu bedenken, dass diese selten in ihrer Endgröße angeboten werden. Um zu vermeiden, dass der Halter später allzu häufig ins Terrarium eingreifen muss, sind solche Pflanzen zu wählen, die, wenn sie großwüchsig sind, wenigstens langsam wachsen oder an ihrem Platz leicht auszutauschen sind. Ansonsten bieten sich alle Pflanzen an, die dem relativ feuchten Lebensraum standhalten, zum Beispiel rankende Pflanzen wie *Ficus pumilio* oder verschiedene Tillandsien, die die Rück- und Seitenwände bewachsen. Beachten Sie bei der Auswahl der Pflanzen immer deren Bedürfnisse nach Licht, Luftfeuchtigkeit und Gießwasser.

Wenn man es sehr genau nimmt, könnte das Terrarium natürlich ausschließlich mit Pflanzen aus dem natürlichen Lebensraum besetzt werden. Andererseits ist den tierischen Bewohnern die Art der Bepflanzung aber nicht besonders wichtig, mit einer wichtigen Ausnahme: Im Terrarium müssen sich immer auch großblättrige Bromelien befinden, da die in ihren Blattachseln entstehenden Wasserpfützchen (Phytotelmata) zur Fortpflanzung benötigt werden! Kleinblättrige Bromelien können zwar auch eingesetzt werden, die Frösche nutzen sie jedoch nur zum Klettern oder als Versteck, nicht aber zur Paarung und Eiablage. Dass *Excidobates mysteriosus* ausschließlich Bromelien der Art *Aechmea nudicaulis* zur Fort-

Moos sieht im Terrarium gut aus und hält Feuchtigkeit
Foto: S. Honigs

Auf kontrastreichen Bromelien wie *Vriesea fenestralis* fallen die Frösche kaum auf
Foto: S. Honigs

pflanzung nutzt, wie man das gelegentlich in der Literatur liest, kann an dieser Stelle nicht bestätigt werden. Bromelien der Arten *Neoregelia schultesiana, N. carolinae, N. franca, N. freckles, Vriesea gigantea* oder *V. hieroglyphica* bieten sich ebenfalls an, und auch andere Arten dürften funktionieren. Ein limitierendes Auswahlkriterium ist nur die Größe des Terrariums im Verhältnis zur Größe der Pflanze, da sowohl der Pflanzendurchmesser als auch die Pflanzenhöhe von Bromelienart zu Bromelienart schwankt. Manche Arten werden über 70 cm hoch – dem muss natürlich durch die Höhe des Terrariums Rechnung getragen werden.

Sollte künftig einmal die Haltung von *E. captivus* möglich sein, ist anzumerken, dass diese Art eng mit Helikonien (*Heliconia* spp.) vergesellschaftet zu sein scheint, weshalb bei ihrer Pflege auf diese Pflanzen dann nicht verzichtet werden dürfte. Da außerdem nicht ganz klar ist, ob die Eier von *E. captivus* nicht vielleicht doch in der Laubstreu abgelegt werden, müsste dann eine solche Schicht zusätzlich auf dem Boden des Terrariums ausgebracht werden.

Bei der Bepflanzung ist grundsätzlich immer darauf zu achten, dass keine Gewächse eingebracht werden, die giftige Stoffe abgeben könnten (siehe Kasten „Praxistipp").

In einem gut funktionierenden Terrarium entwickeln sich nicht nur die tierischen Bewohner prima, sondern auch die pflanzlichen,

Praxistipp
Bei Pflanzen, die ins Terrarium eingesetzt werden sollen, ist auf mehrere Dinge zu achten. Neu erworbene Pflanzen sollten zunächst ihrem Topf entnommen und gründlich abgebraust werden. Mögliche Reste von Pestiziden auf der Pflanze werden somit abgespült. Die Blumenerde kann ebenfalls Verunreinigungen enthalten und sollte entfernt werden. Anschließend wird die gereinigte Pflanze neu eingepflanzt.
Die Pflanzen in einen Topf und nicht direkt in das Terrarium zu setzen, hat mehrere Vorteile: Ihr Wachstum kann besser kontrolliert werden, die Pflanze lässt sich leichter wieder aus dem Terrarium entfernen und bei Bedarf reinigen. Humus-Bricks aus dem Terrarienbedarf haben sich als Pflanzsubstrat bewehrt. Da sie hitzebehandelt sind, sind sie frei von Verunreinigungen und diversen Krankheitserregern wie zum Beispiel Wurmeiern. Die so vorbereitete Pflanze sollte noch eine Woche außerhalb des Terrariums gepflegt werden, damit sie die Möglichkeit hat, eventuell aufgenommene Pestizide abzubauen. Danach kann die Pflanze ohne Bedenken ihren zugedachten Platz im Terrarium einnehmen.

Streptocalyx x *poitaei* ist eine große und hochgewachsene Bromelie
Foto: S. Honigs

weshalb es von Zeit zu Zeit nötig werden kann, diese zu beschneiden. Manche Pflanzen sondern aus der dabei entstehenden Verletzung allerdings eine giftige Flüssigkeit ab, die zu Vergiftungen bei den Fröschen führen könnte. Die potentielle Giftigkeit der Pflanzen muss daher schon vor Einbringen in das Terrarium abgeklärt werden. Vor dem Einpflanzen ist vielleicht noch ein kurzer Blick auf die Pflanze selbst zu werfen, denn es kann vorkommen, dass bei ihr bereits eine größere Spinne eingezogen ist, was für einen kleinen Frosch durchaus eine Gefahr bedeuten kann.
Weiterhin bietet es sich an, einige Filmdöschen als Ablaichplatz im Terrarium zu platzieren. Diese werden von den Tieren gerne angenommen und erleichtern die Nachzucht. Die Filmdöschen können zum Beispiel auch versteckt in verschiedenen Bromelien Platz finden.

Die gezähnten Blattränder dieser Art machen den Fröschen nichts aus
Foto: S. Honigs

Klima und Wasser

Unsere wechselwarmen amphibischen Pfleglinge regulieren ihre Körpertemperatur nur durch ihr Verhalten, indem sie wärmere oder kühlere Plätze aufsuchen, um sich dort aufzuwärmen oder abzukühlen. Daher sollte in einem Terrarium ein gewisses Temperaturgefälle herrschen, was zum Beispiel durch eine per Zeitschaltuhr gesteuerte Wärmelampe über dem Terrarium erreicht werden kann. Diese Wärmelampe heizt einen Teil des Terrariums auf, während der andere nicht beschienen wird und die Temperaturen dort daher niedriger bleiben. Ein Temperaturgradient, der zwischen 20 und 25 °C liegt, ist optimal.

Zur Grundbeleuchtung sollte eine Tageslichtröhre installiert werden, die mittels einer Zeitschaltuhr gesteuert wird. Der Fachhandel hält zahlreiche Lampentypen mit unterschiedlichen Lichtspektren bereit. Es ist darauf zu achten, dass schon diese Tageslichtleuchtmittel unter Umständen ausreichen, die Temperatur im Terrarium auf die Maximalwerte zu erhöhen! Daher ist es wichtig, das Terrarium zunächst in einer „Versuchsphase" ohne Frösche zu betreiben und die Temperaturen an verschiedenen Tageszeiten zu überprüfen. Auf eine Wärmelampe kann selbstverständlich verzichtet werden, wenn die Temperatur im Terrarium bereits durch den Einsatz der Grundbeleuchtung hoch genug ist.

Die Luftfeuchtigkeit sollte zwischen 40 und 70 % liegen, was durch regelmäßiges eigenhändiges Sprühen oder durch eine automatische Sprüh- oder Vernebelungsanlage geregelt wird, zum Beispiel Ultraschall-Vernebelungsanlagen (sogenannte Fogger oder Nebler), die im Handel erhältlich sind. Letztere sind zwar relativ kostenintensiv, ha-

Einige Bromelienarten wie *Neoregelia laevis* bilden zahlreiche Ausläufer; sie bieten Platz für die Frösche und einen schönen Anblick
Foto: S. Honigs

Auch Vertreter der Gattung *Guzmania* wie *G. sanguinea* eignen sich als Wohnbromelie der Frösche Foto: S. Honigs

ben aber den Vorteil, dass sie, einmal richtig eingestellt, selbstständig die benötigte Luftfeuchtigkeit regulieren und der Halter nicht gezwungen ist, zu bestimmten Zeiten selber zu sprühen. Gerade während der Urlaubszeit sind hilfsbereite Personen, die während der Abwesenheit des Besitzers die exotischen Tiere pflegen, über derartige technische Lösungen dankbar.

Praxistipp

Um möglichst lange Freude an seiner Sprühanlage zu haben, sollte diese qualitativ hochwertig sein und regelmäßig gewartet beziehungsweise gereinigt werden. Wichtig beim Einsatz solcher technischen Lösungen ist es immer, darauf zu achten, dass die Geräte auch eine automatische Abschaltung besitzen und nicht weiterlaufen, wenn der Wassernachschub einmal fehlt. Gerade bei längerer Abwesenheit des Halters ist es wichtig, dass die Beregnungsanlage über einen großen Wassertank verfügt und dieser auch bei mehrfachem täglichem Beregnen über mehrere Tage nicht nachgefüllt werden muss.

Ebenso ist darauf zu achten, dass der Vorratsbehälter für die automatische Vernebelungs- und Beregnungsanlage regelmäßig gereinigt wird. Hier könnten sich sonst gesundheitsschädliche Keime breit machen, die über die Anlage ins Terrarium gelangen. Auch die Sprühdüsen müssen regelmäßig gereinigt werden und vor allem von Verkalkungen befreit werden. Alternativ kann die Anlage auch mit vollentsalztem oder destilliertem Wasser betrieben werden. Die Pflege möglicher Schläuche ist zudem wichtig!

Sprühanlagen sorgen für regelmäßige feine Bewässerung Foto: D. Schulten

Praxistipp
Zur Sicherheit der Tiere und auch zur Sicherheit der menschlichen Mitbewohner muss immer bedacht werden, dass sich Strom und Wasser nicht gut vertragen. Um Unfälle zu verhindern, sollte man daher nicht auf die etwas teureren spritzwassergeschützten Lampen- beziehungsweise Röhrenfassungen sowie Steckdosen verzichten. Bei größeren Terrarienanlagen ist es von Vorteil, einen eigenen Sicherungskasten für die gesamte Elektrik rund um die Anlage (Pumpen, Wasseraufbereiter, Vernebelungsanlage, Beleuchtung) anzulegen.

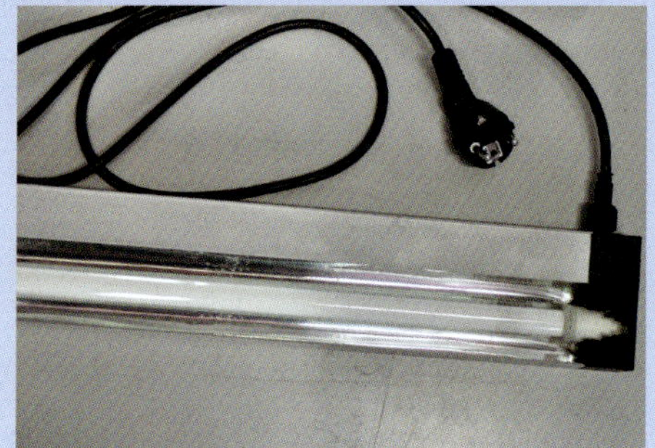

Beim Einsatz des elektrischen Zubehörs muss auf Feuchtraumtauglichkeit geachtet werden
Foto: B. Pelzer

Um den Tieren einen jahreszeitlichen Klimarhythmus zu bieten, müssen sowohl Temperatur als auch Luftfeuchtigkeit im Winter geringer als im Sommer sein. Um die Froschweibchen zu einer Legepause zu animieren, sollte die Temperatur im Winter stufenweise auf wenigstens 17 °C gesenkt und die Beregnung deutlich heruntergefahren werden. Diese Legepause ist der dauerhaften Gesunderhaltung der weiblichen Tiere sicher zuträglich.

An das Wasser scheinen zumindest erwachsene *E. mysteriosus* keine besonderen Ansprüche zu stellen. Einfaches Leitungswasser ist für sie in der Regel ausreichend. Allerdings haben die Wasserwerte vermutlich entscheidenden Einfluss auf die Entwicklung der Eier, denn Regenwasser, das den Fröschen in den Bromelien normalerweise zur Verfügung steht, ist eher weich (geringer Härtegrad). Bei den zuständigen Stadtwerken können die aktuellen Wasserwerte in der Region abgefragt werden. Im Zoofachhandel sind außerdem diverse Testsets zu erwerben, mit denen die wichtigsten Wasserparameter eigenhändig überprüft werden können.

Die Qualität des Wassers in den Bromelientrichtern verändert sich zudem laufend, da sie von pflanzlichen und tierischen Überresten sowie Schmutzeintrag beeinflusst wird. Wasser ist also nicht gleich Wasser, und es kann auch vorkommen, dass Gelege in unbehandeltem Leitungswasser verpilzen, besonders wenn es sich bei den Elterntieren um noch recht junge Tiere am Anfang ihrer Reproduktionsphase handelt. Um sicherzugehen, werden die Eier nach der Entnahme besser nicht in einfaches Leitungswasser gelegt, sondern in Wasser, das zuvor mit einem Antipilzmittel behandelt wurde. Hier hat sich der Wirkstoff Silberkolloid als hilfreich erwiesen. Solche Mittel sind in jedem gut sortierten Aquariengeschäft erhältlich und haben keinerlei negativen Einfluss auf die Entwicklung der Kaulquappen. Außerdem kann man anstatt Leitungswasser auch stilles Wasser aus der Flasche oder Regenwasser verwenden. Dies bietet sich immer dann an, wenn über längere Zeit die Zeitigung der Eier beziehungsweise die Aufzucht der Kaulquappen erfolglos geblieben ist. Beide Maßnahmen können die Erfolgsquote bei der Aufzucht erheblich steigern. Siehe hierzu auch Kapitel „Nachzucht und Aufzucht“.

Bevor das fertig eingerichtete Terrarium mit seinen neuen Bewohnern besetzt wird, müssen sämtliche Parameter wie Luftfeuchtigkeit und Temperatur noch einmal an verschiedenen Stellen – und idealerweise zu verschiedenen Tageszeiten über mehrere Tage hinweg – gemessen werden. Hierzu besteht während der Quarantänezeit der neuen Pfleglinge ausreichend Zeit.

Vergesellschaftung

Excidobates-Arten sind sicherlich gut mit einigen anderen Dendrobatiden zu vergesellschaften. Man sollte aber darauf achten, dass die verschiedenen Arten sich nicht gegenseitig die Gelege auffressen und sich die Frösche aus dem Wege gehen können. Da sich *E. mysteriosus* gerne an Bromelien aufhält, bieten sich zur Vergesellschaftung natürlich vor allem jene Dendrobatiden-Arten an, die häufig auf dem Boden zu finden sind und ihre Eier genauso gerne am Bodengrund ablegen. Die klimatischen Bedürfnisse der zu vergesellschaftenden Arten müssen selbstverständlich einander entsprechen, so kommen zum Beispiel Arten aus den Gattungen *Adelphobates* oder *Dendrobates* in Frage. Bei einer geplanten Naturaufzucht von *E. mysteriosus* im Terrarium sollte die Größe der Mitbewohner bedacht werden, damit die Juvenilen nicht etwa zur Beute werden. Marañón-Baumsteiger selbst sind nicht kannibalisch gegenüber den eigenen Jungtieren. Ein Terrarium mit verschiedenen Baumsteigern muss aber natürlich entsprechend größer und den Bedürfnissen aller Arten gemäß strukturiert sein.

In stark bepflanzten Terrarien muss man die Tiere oft suchen
Foto: S. Honigs

Nachzucht und Aufzucht

Der Marañón-Baumsteiger ist die einzige Art der Gattung *Excidobates*, die in Deutschland im Rahmen einer Erhaltungszucht in zoologischen Einrichtungen und auch bei engagierten Privathaltern gehalten wird – und die trotz ihrer ursprünglich illegalen Herkunft daher von den Behörden toleriert wird. Wie eingangs erwähnt, ist es zwingend notwendig, diesen schönen und in der Natur leider immer seltener werdenden Dendrobatiden auch in menschlicher Obhut zu erhalten und nachzuzüchten. Glücklicherweise liegen bereits viele Erkenntnisse bezüglich des Paarungsverhaltens, der Eiablage und der Aufzucht der Larven von *E. mysteriosus* vor. Die von uns und anderen Züchtern im Rahmen der Nachzucht dieser Art gewonnenen Erfahrungen werden im Folgenden – exemplarisch für die Gattung – anhand des Marañón-Baumsteigers ausführlich vorgestellt.

Rufendes Männchen, die kehlständige Schallblase ist voll aufgebläht Foto: B. Pelzer

Balz, Paarung, Eiablage und Brutpflege

Die Weibchen des Marañón-Baumsteigers werden mit etwa 18 Monaten geschlechtsreif, was sich durch ihre verstärkte Leibesfülle im Vergleich zu den Männchen zeigt. Bei den männlichen Tieren setzt die Geschlechtsreife bereits im Alter von 9–12 Monaten ein. Dies macht sich durch den Beginn der Rufaktivität bemerkbar. Die Rufe sind anfangs noch sehr leise und relativ kurz. Nur während des Rufens tritt die kehlständige Schallblase hervor und wird dann gut sichtbar. Erst im Alter von 18 Monaten belegen die Männchen ein festes Revier. Jetzt verändert sich ihre Rufaktivität; sie lassen nun laute, lange Schnarrrufe hören, die

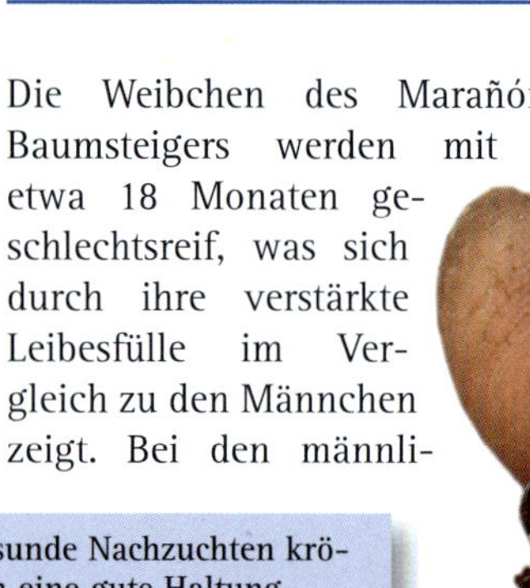

Gesunde Nachzuchten krönen eine gute Haltung Foto: D. Schulten

auch noch bis zu einer Entfernung von 10 m wahrzunehmen sind. Besonders aktiv rufen sie während der Benebelung und Beregnung im Terrarium.

Einmal gut eingelebt, lassen sich die Frösche nicht einmal durch das Handtieren des Pflegers innerhalb des Terrariums von ihren Rufaktivitäten abhalten. Mit Erreichen der Geschlechtsreife kommt es zwischen den Männchen vereinzelt zu Aggressionshandlungen wie zum Beispiel Anspringen beziehungsweise Umklammern und Niederdrücken des Gegners. Das eigene Revier wird zunächst rufend abgeschritten, und männliche Eindringlinge werden im ersten Versuch noch „verrufen", wobei der Revierinhaber sich vor dem Rivalen platziert, hoch aufrichtet und laut zu rufen beginnt. Erst wenn diese Drohung nicht wirkt, kann es zu den genannten Aggressionshandlungen kommen. Ist ein schwächerer Eindringling umklammert und zu Boden gedrückt worden, so kann er Abwehrlaute von sich geben. Hat sich der Umklammerte befreit, wird er vom Revierinhaber noch bis zur Reviergrenze verfolgt. Solche Aktionen sind aber meist nur von kurzer Dauer.

Auch Weibchen werden von den Männchen nur während ihrer Laichbereitschaft im Revier geduldet. Zu anderen Zeiten werden sie, ähnlich wie andere Männchen, vertrieben. Befindet sich ein laichwilliges Weibchen innerhalb des Reviers eines Männchens, so verändert dieses seine Laute vom Revierruf zum Balzruf, der weicher und leiser klingt. Während der Balz können die Weibchen unterschiedliche Verhaltensmuster zeigen. Ist ein Weibchen laichbereit, so kann es verharren und warten, bis das balzende Männchen auf es zukommt. Wenn das Männchen das Weibchen nun anspringt und umklammert, zeigt dieses keinerlei Fluchttendenzen, stößt auch keine Abwehrrufe aus, sondern verhält sich ruhig. Oder es handelt sich um ein besonders „kontaktfreudiges" Weibchen, das sogar selbst die Initiative ergreift, auf das Männchen zugeht und versucht, den Körperkontakt herzustellen, indem es mit seinen Vorderbeinen an den Hinterbeinen oder am Rücken des Männchens entlangstreichelt. Dieses Verhalten führt nun dazu, dass das Männchen seinerseits versucht, das Weibchen an den Laichplatz zu führen. Auf dem Weg dorthin ruft das Männchen immer noch, aber deutlich leiser. Der Gang zum Laichplatz wird immer wieder von beiden Tieren unterbrochen und erst nach freundlicher Aufforderung des Weibchens durch erneute Streicheleinheiten fortgesetzt. Diese Interaktionen versetzen das Männchen verstärkt in Erregung, was sich durch ein zunehmendes

Ein rufendes Männchen von *Excidobates mysteriosus* trägt Kaulquappen auf seinem Rücken
Foto: B. Pelzer

Vibrieren der Zehen und Zucken der Hinterbeine zeigt. Solche Erregungszustände sind auch während der Jagd kurz vor Ergreifen der Beute zu beobachten.

Sollte sich das Weibchen vor der Eiablage noch einmal entfernen, beginnt das Männchen wieder lauter zu rufen, verfolgt das Weibchen und startet nun seinerseits mit Streicheleinheiten, bis es die Partnerin wieder zum Laichplatz zurückgeführt hat. Die Balz kann wenige Minuten bis (mit Unterbrechungen) mehrere Tage andauern und nimmt die ganze Konzentration des Paares in Anspruch. Nur wenig kann die beiden in dieser Zeit ablenken. Dringt allerdings ein weiteres Männchen balzend in das Revier ein, wird es vom Revierinhaber sofort vertrieben. Da ein Territorium mehrere Laichplätze beinhalten kann, kommt es vor, dass das Paar zunächst alle Stellen aufsucht, bis es endlich den richtigen Platz zur Eiablage gefunden hat.

Am Laichplatz selbst läuft immer das gleiche Ritual ab: Das Männchen betritt den Platz zuerst und präsentiert ihn dem Weibchen. Dieses folgt dem Männchen und stimuliert es durch ständigen Körperkontakt. Nun inspiziert das Männchen den Laichplatz, säubert und befeuchtet ihn anschließend, vermutlich durch etwas Blaseninhalt. Die Rufe, die es hierbei abgibt, sind weich, leise und relativ kurz im Vergleich zu den Revierrufen. Weibchen geben keinerlei Rufe von sich.

Wahrscheinlich gibt das Männchen bereits jetzt sein Sperma auf dem befeuchteten Untergrund ab. Dann drückt das Weibchen seinen Hinterleib an den feuchten Boden, bewegt sich kreisend darüber und legt die Eier ab. Damit ist die Arbeit des Weibchens auch schon getan, und es verlässt den Ort des Geschehens. Die Gelegegröße schwankt zwischen 8 und 13 Eiern (Lötters et al. 2007), unserer Erfahrung nach beginnen die Jungtiere mit der Ablage von 3–5 Eiern und steigern sich im Durchschnitt auf 11 Eier pro Gelege. Oft wird beschrieben, dass subadulte Weibchen zuerst mit der Ablage von unbefruchteten Eiern beginnen, denen in der Regel ein Eikern fehlt und die somit nur aus Gallerte bestehen. Diese Beobachtung konnten wir in unseren Zuchten aber nicht bestätigen. Dennoch können die ersten Gelege auch mit Eikernen noch unbefruchtet sein, was sich durch eine baldige Verpilzung des Geleges anzeigt. Erst wenn ein junges Weibchen 18–24 Monaten alt ist, reifen aus dem Gelege auch sicher Kaulquappen heran.

Beim Marañón-Baumsteiger ist es Männersache, sich um die Gelege zu kümmern. Daher verbleibt nur das Männchen beim Gelege, bewacht

Zur Paarung und Eiablage werden solche Filmdöschen gerne angenommen
Foto: M. Meßing

Praxistipp

Im Terrarium ist es sinnvoll, den Fröschen als Laichplatz an verschiedenen Stellen präparierte schwarze Filmdosen mit einer halbierten weißlich transparenten Filmdose als Schublade anzubieten. Das schwarze Filmdöschen gibt ausreichend Sichtschutz und lädt die Tiere ein, hier die Eier kontrolliert abzulegen; die eingeschobene Hälfte des weißen Filmdöschens erlaubt dem Pfleger eine bessere Einsicht in das Innere, um die Gelege zu erkennen. Da die Filmdöschenhälfte als Schublade fungiert, kann sie im Falle eines Geleges einfach herausgezogen werden. So können die Eier entnommen und bis zum Schlupf der Kaulquappen kontrolliert weitergepflegt werden. Solche Filmdosen werden gerne angenommen, und oftmals kann man dort nicht nur ein Paar, sondern zum Beispiel auch ein Männchen mit zwei Weibchen beobachten. Da die „gemeine" schwarze Filmdose bekanntlich vom Aussterben bedroht ist, bieten sich als Ersatz auch Röhrchen für Nahrungsergänzungsmittel (zum Beispiel Kalzium-Magnesium-Brausetabletten) an, die vor dem Einsatz jedoch noch gekürzt werden müssen. Wichtig: Scharfe Kanten sind durch Abschmirgeln stets zu beseitigen!

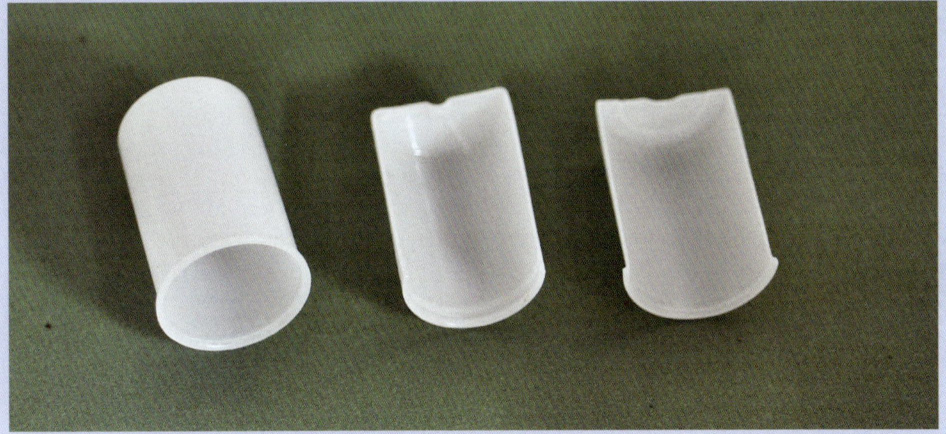

Die Zutaten für ein Filmdöschen mit Schublade Foto: B. Pelzer

und bewässert es innerhalb der nächsten Stunden. Erst danach verlässt es den Ort, kehrt jedoch immer wieder zurück, um das Gelege zu bewässern, und ist später auch für die geschlüpften Kaulquappen zuständig.

Schlüpfen die Larven, nimmt das Männchen sie auf und trägt sie auf dem Rücken zu den Wasserständen in den Blattachseln großer Pflanzen oder auch in den wassergefüllten Blütenstand großer Bromelien. Dabei kann die Anzahl der transportierten Kaulquappen zwischen einer und fünf variieren. Wird eine Kaulquappe ins Wasser entlassen, begibt sich das Männchen zunächst rückwärts in den Mini-Pool, bis es frei an der Wasseroberfläche treibt beziehungsweise sich mit den Vorderbeinen noch am Rand festhält. Jetzt beginnt es, eine der Kaulquappen vorsichtig mit dem Hinterbein zu streicheln (nach unseren Beobachtungen 25–32 Mal), bis diese Larve vom Rücken ins Wasser schwimmt. Pro wassergefüllter Blattachse wird immer nur eine einzige Kaulquappe entlassen. Die Gründe hierfür sind wohl im limitierten Platzangebot und in den begrenzten Nahrungsressourcen des Mini-Tümpels zu suchen, aber auch in der Reduktion des Prädatorenrisikos und der Vermeidung von Kannibalismus unter Kaulquappen. Das Füttern der Larven mit Nähreiern, wie es von anderen Arten bekannt ist, konnte bisher nicht beobachtet werden.

Entwicklung vom Ei zum Frosch

Der Eikern des frisch abgelegten Eies hat einen Durchmesser von ca. 1,8–2,0 mm und ist von zwei Gallertschichten umgeben, die innerhalb der nächsten Stunden aufquellen. Dadurch wächst der Gesamtdurchmesser des Eies auf 8 bis maximal 10 mm, im weiteren Verlauf der Entwicklung kann der Durchmesser sogar bis auf 12 mm anschwellen. Der Eikern ist tiefschwarz mit einem etwas helleren grauschwarzen Pol. Dieser Bereich nimmt etwa ein Drittel des Eikerns ein.

Im Folgenden und in der Bilderserie auf Seite 74/75 werden die Entwicklungen anhand der Stadieneinteilung nach Gosner (1960) beschrieben. Die dunkle Farbe des Eikerns verhindert ohne technische Hilfsmittel das Beobachten der Eientwicklung, sodass erst am vierten Tag eine Veränderung erkennbar ist. Die Form des Eikerns hat sich von rund zu oval verändert (ein anteriorer und ein posteriorer Pol haben sich ausgebildet), die

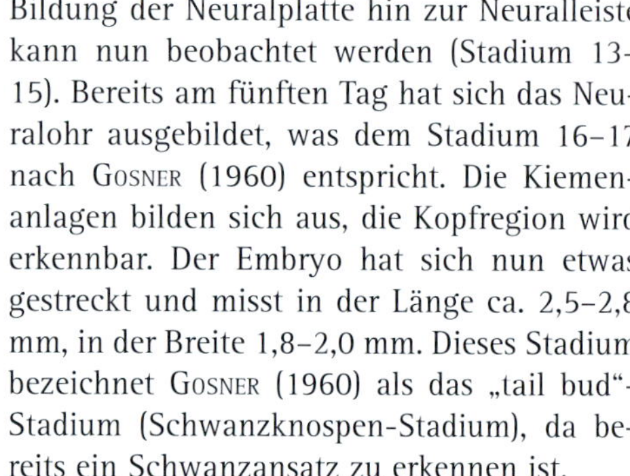

Bildung der Neuralplatte hin zur Neuralleiste kann nun beobachtet werden (Stadium 13–15). Bereits am fünften Tag hat sich das Neuralohr ausgebildet, was dem Stadium 16–17 nach Gosner (1960) entspricht. Die Kiemenanlagen bilden sich aus, die Kopfregion wird erkennbar. Der Embryo hat sich nun etwas gestreckt und misst in der Länge ca. 2,5–2,8 mm, in der Breite 1,8–2,0 mm. Dieses Stadium bezeichnet Gosner (1960) als das „tail bud"-Stadium (Schwanzknospen-Stadium), da bereits ein Schwanzansatz zu erkennen ist.

Der Herzschlag ist ab Stadium 19 vorhanden, aufgrund der dunklen Färbung des Embryos aber noch nicht erkennbar. Bei höheren Raumtemperaturen kann die Entwicklung schneller vonstattengehen, sodass am fünften Tag bereits das Stadium 20 erreicht ist und der Embryo nun deutlich in eine Kopf-, Rumpf/Dottersack- und Schwanzregion unterteilt ist. Dies äußert sich auch in der Entwicklung des sich verlängernden Schwanzes und der Außenkiemen aus den Kiemenanlagen, die zunächst noch schwarz sind, dann deutlich länger und immer durchscheinender werden, bis schließlich zu erkennen ist, dass das Blut im Inneren zirkuliert. Die Außenkiemen sind nun deutlich verzweigt, der Embryo ist zu diesem Zeitpunkt tiefschwarz.

Bereits ab Stadium 18 können erste Muskelreflexe beobachtet werden. Der Embryo streckt sich immer mehr, der Flossensaum wird transparenter, sodass der Schwanz schließlich gräulich erscheint. Auch hier setzt nun die Durchblutung ein. Die Außenkiemen verlängern und verschmä-

Balzende und rufende Männchen von *Excidobates mysteriosus* am Laichplatz
Foto: B. Pelzer

Es werden auch gerne Filmdöschen außerhalb von Bromelien angenommen
Foto: S. Honigs

lern sich weiter, bis sie als dünne, fädig verzweigte Strukturen von über 2 mm Länge erkennbar sind. Noch im Ei ziehen sich die Außenkiemen nach und nach in die Kiemenhöhle (Operculum) zurück, in Dorsalansicht zunächst die rechten und schließlich die linken Kiemen, und das Spiraculum (Atemrohr, Kiemenöffnung) bildet sich wie bei den meisten Anuren als eine einzelne, linksständige Kiemenöffnung. Die Mundscheibe beginnt sich ebenfalls auszubilden, und die Cornea ist nun durchsichtig geworden. In der Haut werden einzelne Farbpigmentzellen sichtbar, und der ehemals schwarze Embryo wird zunehmend grauer. In Abhängigkeit von der Raumtemperatur kann der Embryo im Ei am 12. Tag bereits 8–10 mm messen; die innere Gallerthülle ist auf etwa 8,5 mm Größe angeschwollen, die äußere auf nur wenig mehr (10–12 mm).

Im Durchschnitt benötigen die Kaulquappen von der Eiablage bis zum Schlupf 14 Tage. Liegt die Raumtemperatur bei 24 °C, ist auch schon ab dem 11. Tag mit dem Schlupf der Kaulquappen zu rechnen. Wird wie in unserem Zuchtraum im Winter die Temperatur auf 17 °C heruntergefahren, so kann der Schlupf aber auch erst nach 18 Tagen erfolgen.

Die Kaulquappen werden wie beschrieben von den Männchen in wasserführende Blattachseln der Pflanzen getragen, und da an solchen Orten nur geringe Wasserkapazitäten vorhanden sind, zeigen die Kaulquappen eine abgeflachte Form mit einer fast geraden Bauchseite und relativ niedrigen Flossensäumen. Zum Zeitpunkt des Schlupfes sind keine Außenkiemen mehr erkennbar. Die Gesamtkörperlänge der Larve beträgt im Durchschnitt 12 mm, wovon 8 mm auf den Schwanz entfallen und ca. 4 mm auf die Kopf-Rumpf-Region. Die Augen sind dorsolateral positioniert, ebenso die Nasenlöcher. Die Mundscheibe liegt

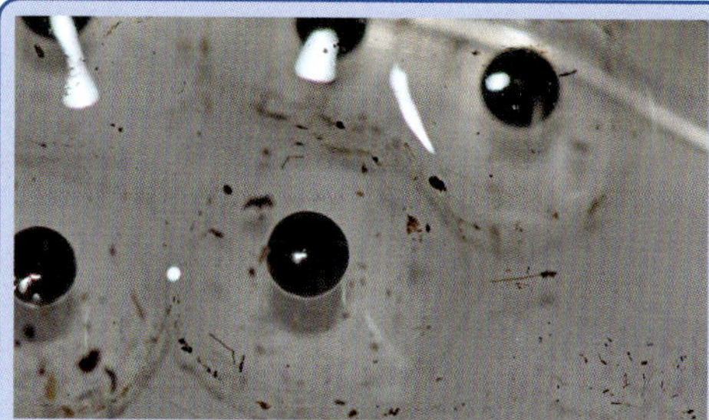

Frisch gelegte Eier von *Excidobates mysteriosus* Foto: B. Pelzer

Zweiter Tag: Das Neuralrohr ist zu sehen Foto: B. Pelzer

Larven im Stadium 16–17 Foto: D. Schulten

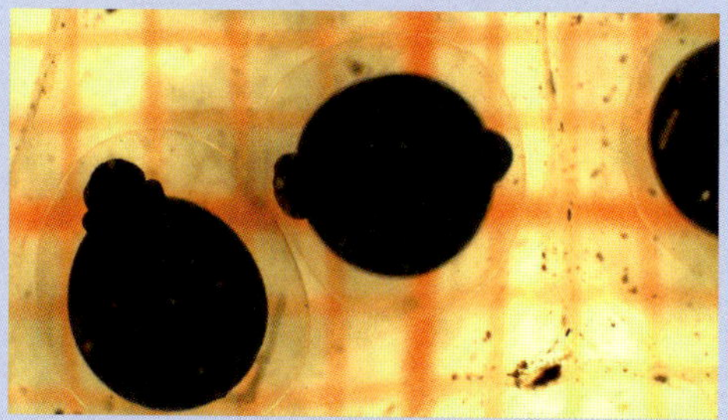

Die Schwanzknospe (engl. tail bud) ist jetzt zu erkennen Foto: B. Pelzer

Stadium 19 Foto: B. Pelzer

Stadium 20 Foto: B. Pelzer

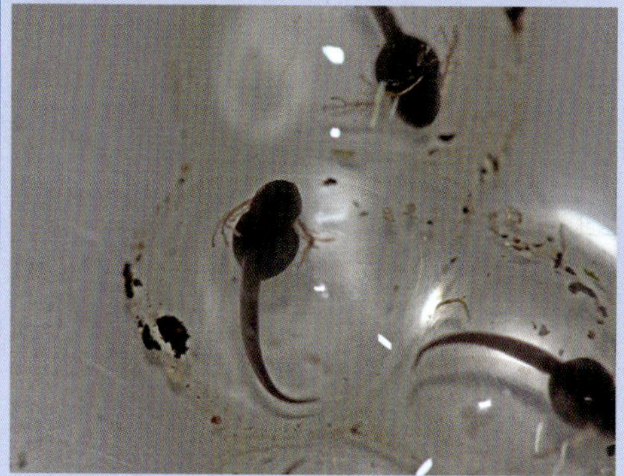

Die Außenkiemen sind nun deutlich gewachsen und verzweigt Foto: B. Pelzer

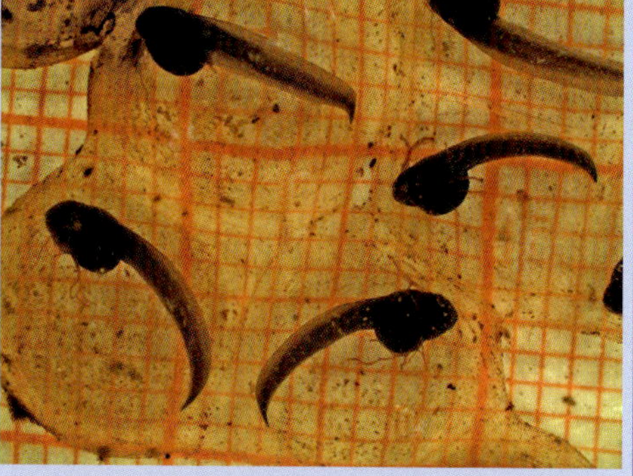

Die fädigen Kiemen erreichen eine Länge von über 2 mm Foto: B. Pelzer

Bei dieser Kaulquappe kurz vor dem Schlupf ist die innere und auch äußere Gallertschicht der Eihülle erkennbar Foto: D. Schulten

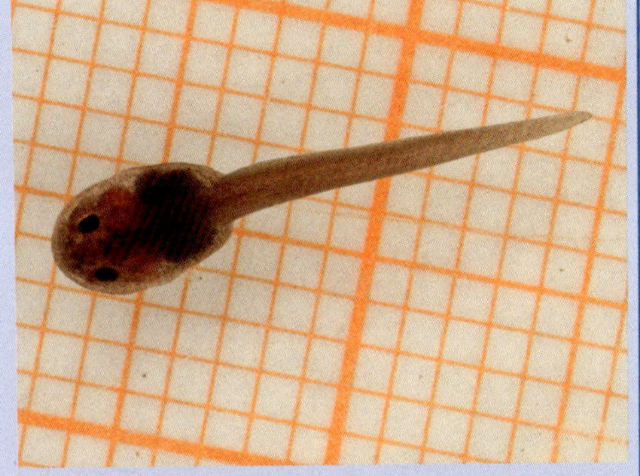

Die geschlüpfte Larve hat keine Außenkiemen mehr Foto: M. Meßing

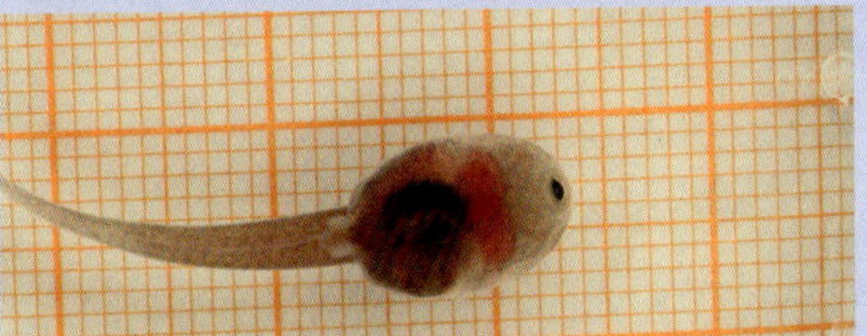

In der Bauchansicht können die Hinterbeinknospen erkannt werden Foto: M. Meßing

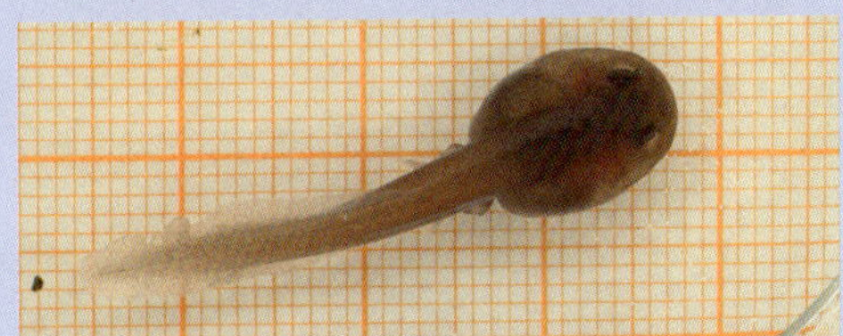

Die bereits entwickelten Hinterbeine sind noch sehr klein Foto: M. Meßing

Die Arme sind noch nicht durchgebrochen Foto: B. Pelzer

Der linke Arm bricht durch Foto: M. Meßing

Der rechte Arm steht kurz vor dem Durchbruch Foto: M. Meßing

Frisch metamorphosierte Marañón-Baumsteiger sind noch sehr klein Foto: D. Schulten

Ein frisch abgesetztes Eigelege im Filmdöschen
Foto: B. Pelzer

Ein frisches Gelege in einer Petrischale
Foto: M. Meßing

Gelege auf einem Bromelienblatt
Foto: M. Meßing

Aufzuchtanlage im Aquazoo Löbbecke Museum Düsseldorf
Foto: M. Meßing

ventral. Die Darmspirale ist durch ihre dunkle Färbung sowohl in Dorsal- als auch in Ventralansicht gut zu erkennen. Das Darmrohr mündet leicht links des ventralen Flossensaumansatzes. Die Schwanzspitze ist abgerundet, und die Flossensäume beginnen direkt am Schwanzansatz. Die Kopf-Rumpf-Region bildet in Dorsalansicht ein nach anterior (vorne) etwas schmaler werdendes Oval; in der Ventralansicht setzt sich die helle Kopfregion durch die Opercularfalte vom dunklen Rumpf ab.

Nach 50 Tagen zeigt die Kaulquappe in der Ventralansicht deutliche Hinterbeinanlagen, die 1,5–2 Mal so lang wie breit sind, und die damit dem Stadium 29–30 nach Gosner (1960) entspricht. Auch Darmrohr und Spiraculum sind in der Ventralansicht gut sichtbar. Die Kaulquappe ist nun auf eine Gesamtlänge von 28 mm herangewachsen. Nach 65 Tagen werden die Hinterbeinanlagen paddelförmig: Das Stadium 31 nach Gosner ist erreicht. Der dorsale Flossensaum setzt erst 2,5 mm hinter dem Schwanzansatz an und erreicht seine größte Höhe etwa am Ende des zweiten Drittels der Schwanzlänge. Mit 73 Tagen ist in der Dorsalansicht das Spiraculum immer noch sichtbar. Die Hinterbeinanlagen zeigen jetzt bereits eine Untergliederung in Oberschenkel, Knie, Unterschenkel und Fuß und haben eine Länge von 4,1 mm. Der Fuß trägt deutlich sichtbare Zehen.

Nach 83 Tagen beträgt die Gesamtlänge der Larve 38,2 mm, der Schwanz ist 25,7 mm lang, und der Flossensaum hat seine größte Höhe zu Beginn des letzten Schwanzdrittels. An den Füßen zeigen sich nun die Subartikulartuberkel. Durch die Hauttaschen des Operculums erkennt man schwach die sich entwickelnden Vorderbeinanlagen, Stadium 40–41 nach Gosner (1960) ist erreicht. Auch nach 94 Tagen sind die Arme noch in der Opercularfalte eingebettet.

Nach 103 Tagen hat sich der dorsale Flossensaum deutlich vom Schwanzansatz zurückgezogen und setzt jetzt erst ab einem Drittel der Schwanzlänge an. In der Haut sind erste Musterungen zu erkennen: So sind die Knie weißlich gefärbt, und auch auf dem Rücken zeigen sich erste helle Flecken. In der Opercularfalte treten die gewinkelten Vorderbeine nun deutlich hervor. Das Darmrohr wird schmaler und zieht sich zum Körper hin zurück (Stadium 41). Mit dem Durchbruch der Arme beginnt eine entscheidende Phase der Metamorphose: Meist bricht zuerst der linke, dann der rechte Arm durch. Der Kopf ist jetzt deutlich vom Rumpf abgesetzt, das Fleckenmuster tritt klar hervor. Der Schwanz beginnt sich zurückzubilden, sodass die Gesamtlänge abnimmt; die Relation der Länge der Kopf-Rumpf-Region zur Schwanzlänge verlagert sich immer deutlicher zu Gunsten der Kopf-Rumpf-Region.

Der fertige Jungfrosch im Größenvergleich
Foto: D. Schulten

Auch der Mund erfährt eine massive Umgestaltung. Lag er ehemals ventral, so verändert er seine Position jetzt nach anterior. Die Mundspalte vertieft sich, bis sie schließlich bis hinter die Augen reicht. Lippenzähnchen und Papillensaum haben sich ebenso wie der Hornschnabel zurückgebildet, die Augen treten hervor. Im Stadium 45 ist noch ein Schwanzrest erhalten, der bis zum Stadium 46 vollständig zurückgebildet wird. Die Metamorphose ist abgeschlossen.

Aufzucht der Kaulquappen und Jungfrösche

Bei der Haltung von Fröschen entsteht neben dem Wunsch nach artgerechter Pflege eines Tages oft auch der Wunsch, die Pfleglinge gezielt nachzuzüchten. Um eine effiziente Ausbeute an Jungtieren zu erhalten, ist es ratsam, die Gelege nicht im Terrarium zu belassen, sondern sie zu entnehmen und kontrolliert aufzuziehen. Wurden die Eier in Filmdöschen abgelegt, so ist die Entnahme kein Problem, wurde das Gelege in eine Blattachsel abgelegt, so hilft es oft, die Eier vorsichtig mit einem nicht zu scharfkantigen Löffel vom Blatt zu lösen und in eine Petrischale oder ein anderes flaches Gefäß zu überführen. Dabei ist darauf zu achten, dass die Gallerthülle der Eier nicht beschädigt wird, denn jede Verletzung der Gallerthülle erhöht das Risiko einer Verpilzung.

Die Eier müssen im Aufzuchtgefäß ständig feucht gehalten werden. Der Wasserfilm, der die Eier nur zur Hälfte bedeckt, sollte täglich erneuert werden. Eine 20-ml-Spritze ohne Kanüle tut gute Dienste als Absaughilfe. Es ist aber darauf zu achten, dass durch das Ansaugen nicht aus Versehen die Eigallerte zerstört wird.

Für die Nachzucht von Dendrobatiden gibt es im Fachhandel speziell hergestellte Kaulquappenaufzuchtanlagen, in denen viele Larven effizient aufgezogen werden können. Bei kleineren Mengen bieten sich als flache Aufzuchtbehälter auch kleine Plastikbecher für Frischkäse, Plastikkaffeetassen oder Ähnliches an.

Nach dem Schlupf der Kaulquappe wird diese vorsichtig mit einem Löffel aus der Petrischale entfernt und in das Aufzuchtgefäß mit geringem Wasserstand überführt. Da die Kaulquappen in der Natur vom Männchen einzeln in die Blattachseln gesetzt werden, sind sie auch in der kontrollierten Zucht in kleinen Aufzuchtgefäßen getrennt zu halten. Ein Erlenzapfen trägt durch die abgegebenen Huminsäuren dazu bei, die Wasserqualität für die Larven zu verbessern. Das Wasser sollte dennoch täglich erneuert werden, denn das Wasservolumen ist nur gering und wird durch das tägliche Futter und die Ausscheidungen stark belastet. So kann es schnell zu einer starken Nährstoffanreicherung (Eutrophierung) unseres Kleinstgewässers kommen, wodurch bald auch die Sauerstoffversorgung für die Kaulquappe nicht mehr ausreichend gewährleistet wäre.

Im Zoofachhandel ist ein spezielles Aufzuchtfutter für Dendrobatiden erhältlich, doch zeigen Erfahrungen, dass dieses allein bei der Metamorphose oft zur Ausbildung von Streichholzbeinchen führt. Als günstig hat es sich daher erwiesen, 2–3 Mal pro Woche mit einer Leberpaste und zwei Mal mit Brennnessel-/Spirulina-/Fischfutter-Tee (Mischungsverhältnis 2 : 1 : 2) zuzufüttern. Genauere Angaben zur Zubereitung und zur Ernährung der Kaulquappen finden sich im folgenden Kapitel „Die Ernährung – von der Kaulquappe bis zum adulten Frosch“.

Auch wenn das Wasser im Aufzuchtgefäß täglich gewechselt wird, muss das Gefäß selbst nicht jeden Tag gereinigt werden. Im Gegenteil, mit der Zeit entwickelt sich trotz

Praxistipp

Bei der Aufzucht der Gelege und Kaulquappen ist es wichtig, durch regelmäßigen Wasserwechsel stets eine hohe und gleichbleibende Wasserqualität zu gewährleisten. Sollten die Werte der heimischen Wasserwerke zu stark schwanken oder das Wasser zu hart sein, empfiehlt es sich, während der gesamten Aufzuchtphase stilles Mineralwasser (zum Beispiel Volvic) einzusetzen. Verpilzungen lassen sich durch ein adäquates Antipilzpräparat aus der Aquaristik eindämmen beziehungsweise ganz vermeiden. Erlenzapfen geben in das Aufzuchtwasser Huminsäure ab, was die Wasserqualität ebenfalls verbessert.

täglichem Wasserwechsel eine eigene Fauna und Flora an Einzellern und Algen, die von den Kaulquappen möglicherweise als Nahrung mitgenutzt wird.

Die Kaulquappen verbleiben bis zum Durchbruch der Vorderextremitäten in ihren Aufzuchtgefäßen. Mit beginnender Vierbeinigkeit ist ein intensives Bemühen der Larve zu beobachten, das flache Becken zu verlassen. Um zu vermeiden, dass es nun durch verunfallte oder vertrocknete Kaulquappen zu Verlusten kommt, werden die Larven mitsamt Aufzuchtgefäß in eine Faunabox überführt, die mit angefeuchtetem Küchenpapier ausgelegt ist. Relativ schnell verlassen sie dort das Wassergefäß, daher ist besondere Aufmerksamkeit auf ausreichend angefeuchtetes Küchenpapier in der Faunabox zu legen. Dieses Papier – so wie das Wasser im Aufzuchtgefäß – wird täglich gewechselt, um ein möglichst großes Maß an Hygiene zu erzielen.

Juvenile Marañón-Baumsteiger müssen nicht mehr einzeln gehalten werden, sondern können gemeinsam in eine mittelgroße Faunabox mit bis zu zehn Tieren umgesetzt werden. Während die Larven in der letzten Phase der Metamorphose, in der der Umbau der Mundregion und des Darmtraktes erfolgt, keine Nahrung zu sich nehmen, sollte spätestens drei Tage danach mit dem ersten Futterangebot begonnen werden. Bei 24–25 °C hat sich der Schwanzrest innerhalb von 2–3 Tagen vollständig zurückgebildet, und die heranwachsenden Jungtiere werden mit einem möglichst breiten Spektrum an Futtertieren angefüttert. Dazu zählen neben Springschwänzen kleine und später größere *Drosophila* (Fruchtfliegen), Mikrogrillen und -heimchen, kleines Wiesenplankton, kleine Ofenfische, Erbsenläuse etc. Das Angebot entspricht in etwa dem für adulte Frösche, nur dass für die Jungtiere jeweils die kleinere Futtertiervariante gewählt wird (weitere Angaben im Kapitel „Die Ernährung – von der Kaulquappe bis zum adulten Frosch“).

Dieser Jungfrosch zeigt bereits das fertig differenzierte Punktmuster
Foto: D. Schulten

Um Vitamin- und Mineralstoffengpässe zu vermeiden, werden die Futtertiere kurz vor der Fütterung mit Mineralien-Vitaminpulver (zum Beispiel Vi-Spu-Min) eingestäubt. Damit die Fruchtfliegen in der Box als Futterangebot für die Juvenilen erreichbar bleiben, empfiehlt es sich, auf den Terrarienboden ein Stück Banane als Lockmittel zu legen. Lassen sich die *Drosophila* dort nieder, können sie von den Jungfröschen einfach geschnappt werden.

Nach zwei Wochen können die metamorphosierten Tiere in ein voll eingerichtetes Terrarium mit Bodengrund und Bromelien entsprechend dem Becken für die erwachsenen Frösche umgesetzt werden. In diesem Jungtierterrarium muss ausreichend Futter angeboten werden, denn durch die Bepflanzung finden nicht nur die kleinen Frösche, sondern auch die Futtertiere zahlreiche Versteckmöglichkeiten. Andererseits dürfen auch nicht zu viele Mikrogrillen in das Terrarium eingesetzt werden, da die überzähligen Insekten heranwachsen und die jungen Frösche eventuell anfressen könnten.

Die Ernährung – von der Kaulquappe bis zum adulten Frosch

Besonders die Ernährung der Kaulquappen ist für die Gesundheit der Larven und auch des sich später entwickelnden Frosches wichtig. Fehler, die in der Larvenphase gemacht werden, können sich sehr negativ auf das Leben der erwachsenen Tiere auswirken. Es ist zum Beispiel noch immer nicht sicher geklärt, welche Ursache hinter dem Auftreten von Streichholzbeinchen steckt, doch scheint wahrscheinlich, dass dem Phänomen eine Mangelernährung zugrunde liegt. So wird im Handel mittlerweile ein Alleinfutter zur Kaulquappenaufzucht angeboten, von dem es heißt, es würde Streichholzbeinchen verhindern, aber unsere eigenen Erfahrungen zeigen, dass nur ein möglichst abwechslungsreiches Nahrungsangebot für gesunde Kaulquappen und darauffolgend gesunde Jungfrösche sorgt. Dass die Temperatur Einfluss auf die Ausprägung von Streichholzbeinen hat, kann dagegen zumindest für *Excidobates mysteriosus* von unserer Seite nicht bestätigt werden, da sich auch Kaulquappen, deren Entwicklung in die Winterzeit gefallen ist und die dementsprechend niedrigen Temperaturen ausgesetzt waren, normal entwickelt haben. Auch Erfahrungen anderer Züchter stützen diese These nicht.

Um in der Terrarienhaltung für ein breites, ausgewogenes Nahrungsangebot zu sorgen, bietet sich als Grundfutter für die Larven ein selbst hergestellter Brennnesseltee beziehungsweise Brennnessel-/Spirulina-/Fischfutter-Tee an (siehe nebenstehenden Kasten), der den Kaulquappen 2–3 Mal in der Woche angeboten wird.

Aus eigener Erfahrung vermuten wir, dass die Ausbildung von Streichholzbeinchen mit einem Mangel an Vitamin A einhergeht. Um diesen Mangel zu vermeiden, muss den Larven eine vitaminreiche Kost angeboten werden. Da Leber sehr reich an Vitamin A ist, bietet sich an, diese als Nahrung zur Verfügung zu stellen. Nun ist es zwar nicht gut möglich, die Leber als solche zu verfüttern, aber sehr

Rezept für Brennnesseltee

Man nehme zwei Teile getrocknete Brennnesselblätter, die es feingehackt zum Beispiel in der Apotheke gibt, und zwei Teile Flockenfutter für Fische, dazu ein Teil Spirulina-Algen und ein Achtel Teil Vi-Spu-Min-Pulver (Fa. Backs). Das alles kommt in eine Küchenmaschine und wird sehr fein gemahlen. Eventuell noch verbleibende grobe Teile werden ausgesiebt. Dieses Teepulver kann ruhig in einer größeren Menge auf Vorrat hergestellt und zum Beispiel in einer lichtundurchlässigen Haushaltsdose gelagert werden. Die Verfallsdaten der Einzelkomponenten sollte dabei notiert werden, denn die Qualität nimmt auch bei Trockenfuttermitteln mit der Zeit ab.

Um die Kaulquappen zu füttern, wird nun eine kleine Menge des Tees in einen Becher gegeben und mit heißem Wasser aufgegossen. Der heiße Aufguss scheint den Vitamingehalt nicht negativ zu beeinflussen. Nachdem der Tee abgekühlt ist, werden mittels Teelöffel jeweils 4–5 Tropfen in die einzelnen Kaulquappen-Behältnisse gegeben. Entsprechend sollte die Menge des hergestellten Tees zuvor gewählt werden. Dies wiederholt sich 2–3 Mal in der Woche.

Zutaten für den Brennnesseltee: Spirulina, Fischfutter, Brennnesselblätter, im Löffel ein Vitamin-Mineralstoffpulver Foto: B. Pelzer

einfach lässt sich daraus eine Leberpaste herstellen (siehe Kasten auf Seite 82). Diese Leberpaste, die von erfahrenen Tierpflegern empfohlen wird und gut handhabbar ist, sollte zwei Mal in der Woche an die Kaulquappen verfüttert werden. An den übrigen Tagen der Woche können alternierend Brennnesseltee und ein im Handel erhältliches Alleinfutter verwendet werden.

Eine ausgewogene Ernährung ist bereits bei den Kaulquappen und Jungfröschen wichtig
Foto: B. Pelzer

Natürlich sind eine ausgewogene Ernährung und abwechslungsreiche Kost auch für die Gesunderhaltung der adulten Frösche wichtig. Das hört sich einfacher an, als es ist, denn Dendrobatiden sind klein, und das Futtermittelangebot ist daher ziemlich eingeschränkt. Adulte Grillen zu verfüttern verbietet sich zum Beispiel, im Handel werden aber auch Mikrogrillen (*Gryllus bimaculatus*) oder Mikroheimchen (*Acheta domesticus*) sowie Fruchtfliegen (verschiedene *Drosophila*-Arten) und Springschwänze (Collembolen) angeboten. Diese haben die ideale Größe sowohl für erwachsene als auch für juvenile Marañón-Baumsteiger. Adulte *Excidobates mysteriosus* nehmen ebenso auch größere Grillen der zweiten Häutungsphase an.

In gut sortierten Geschäften und im Versandhandel gibt es noch weitere Wirbellose, die sich als Futtertiere für unsere Frösche eignen, doch sind sie mal mehr, mal weniger beliebt wie Bohnenkäfer (*Acanthoscelides obtectus*) für adulte Tiere (weniger beliebt), Erbsenläuse (*Acyrthosiphon pisum*) für adulte und juvenile Tiere (bei beiden beliebt) oder die ebenfalls meist sehr beliebten Ofenfischchen (*Thermobia domestica*). Weiße Asseln (*Trichorhina tomentosa*) und Stubenfliegen (*Musca domestica*) lösen dagegen kaum große Begeisterungsstürme bei den Fröschen aus, doch halten die weißen Asseln als Detritusfresser immerhin das Terrarium sauber.

Gekaufte Futtertiere, vor allem Grillen und Heimchen, sollten vor dem Verfüttern stets erst noch einige Tage mit frischem Obst und Gemüse, Fischfutter und Vitaminpulver angefüttert und auf diese Weise supplementiert werden.

Für das Verfüttern von Fruchtfliegen kann wie oben beschrieben ein kleines Stück Banane in das Terrarium gelegt werden; hier versammeln sich die Fliegen, und die Frösche können sie bequem erbeuten. Achten Sie aber darauf, dass sich kein Schimmel bildet und die Banane rechtzeitig ausgetauscht wird. Die Fruchtfliegen werden auch ihre Eier auf das Bananenstück ablegen, und es entwickeln

Rezept für Leberpaste

Die eigene Herstellung einer Leberpaste lohnt sich. Als Grundlage dient das auf Seite 80 beschriebene Brennnesselteepulver. Dieses wird zu gleichen Teilen mit Leber von Tieren aus nachhaltiger Haltung oder von Wildtieren in einer Küchenmaschine zerkleinert. Hühnerleber lässt sich recht gut portionieren, möglich ist aber natürlich auch Leber von anderen Tieren. Hierdurch entsteht eine cremige Paste, die sich portionsweise hervorragend einfrieren lässt, indem sie zum Beispiel in wiederverwendbare Eiswürfelformen gefüllt wird – wobei für eine ausreichende Portion die einzelnen Fächer nur etwa zur Hälfte aufgefüllt werden – oder auch als kleine Plaques in Petrischalen. Zwei Mal in der Woche wird eine solche Portion aufgetaut und verfüttert, indem in jeden Larvenbehälter eine Messerspitze Leberpaste verteilt wird. Das Herstellungsdatum der Leberpaste muss auf die Tütchen der Portionen geschrieben werden, denn länger als sechs Monate sollte das Frostfutter möglichst nicht gelagert werden.

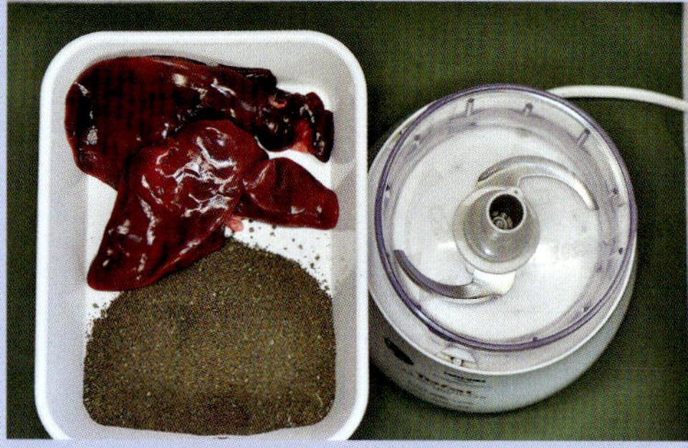

Man benötigt Leber, das bereits hergestellte Brennnesselteepulver und einen Mixer. Foto: M. Meßing

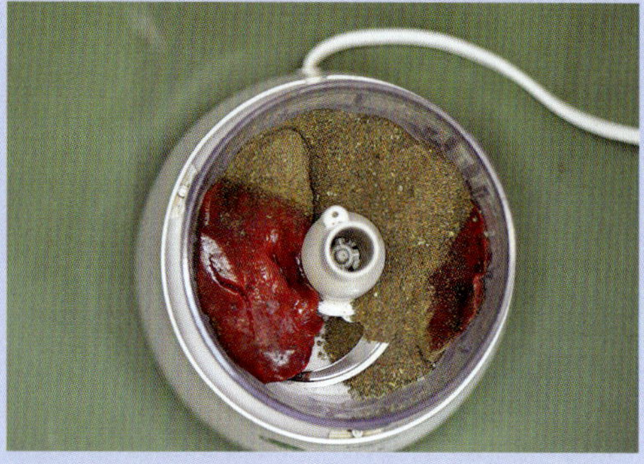

Die Zutaten kommen in den Mixer ... Foto: M. Meßing

... und werden gut verquirlt. Foto: M. Meßing

Die Masse wird portionsweise mit Hilfe einer Eiswürfelform abgefüllt und eingefroren. Foto: M. Meßing

Ein fertiger Leberpastenwürfel bietet ausreichend Nahrung für etwa 60 Kaulquappen Foto: B. Pelzer

Jede Kaulquappe wird im eigenen Abteil gezielt gefüttert Foto: M. Meßing

Marañón-Baumsteiger machen besonders Jagd auf kleine Beutetiere
Foto: D. Schulten

sich schnell Larven, die ebenfalls als Nahrung dienen oder spätestens dann, wenn sie zu Fliegen werden. Ebenso können die mit Erbsenläusen eingebrachten Erbsen im Terrarium belassen werden, denn dies sorgt für eine rege Belebung der Springschwanzfauna. Doch auch hier gilt wie bei den Bananen: entfernen, spätestens, wenn sich Schimmel zeigt!

Gerade zur Frühjahrs- und Sommerzeit bietet es sich an, einfach mal bei einem Sonntagsspaziergang durch eine Wiese zu streifen und etwas Wiesenplankton zu fangen. Wenn darauf geachtet wird, dass die Wiese nicht zu nah an einer Straße gelegen und möglichst naturbelassen ist (kein Pestizideinsatz!), kann hier besonders wertvolles Futter erbeutet werden. Es ist aber zudem darauf zu achten, dass keine geschützten Wirbellosen, wie bestimmte Insektenarten, in den Kescher geraten und dass zu große oder parasitierende Tiere (zum Beispiel manche Mücken) aussortiert werden. Im Zweifel sollten gefangene Insekten lieber freigelassen werden! Verpackt in ein umfunktioniertes Marmeladenglas, welches für längere Wege zum Beispiel mit dem Stück einer alten Nylonstrumpfhose und einem Haushaltsgummi verschlossen wird (sonst kann sich das Gefäß zu stark aufheizen), ist Wiesenplankton ein abwechslungsreiches und qualitativ hochwertiges Futter. Es finden sich darin nicht nur kleine Fliegen, Käfer, Ameisen oder Läuse, sondern auch allerhand kleine Spinnentiere.

Der Terrarianer kann sich sogar darüber freuen, dass eine Garten- oder Balkonpflanze mal mit Blattläusen befallen ist. Aus gärtnerischer Sicht ist dieser Umstand sicher kein Vergnügen, das Terrarianerherz aber wird begeistert sein. Denn Blattläuse

Bei unzureichender Ernährung bilden sich Streichholzbeinchen und andere Missbildungen Foto: M. Meßing

Grillen in entsprechender Größe sind ein gutes Futter und sollten mit Mineralstoffen bepudert angeboten werden Foto: B. Pelzer

Erbsenläuse werden von den Baumsteigern gerne genommen Foto: D. Schulten

sind ein hervorragendes Futter für kleine Pfeilgiftfrösche! Die Läuse werden einfach von der befallenen Pflanze in einen alten Kissenbezug oder auf ein Küchentuch geschüttelt – oder gleich mitsamt dem abgeschnittenen Ast für einige Tage ins Terrarium gestellt. Auch lohnt es sich, öfter mal einen Blick unter einen Stein zu werfen, denn dort verbergen sich häufig junge Kellerasseln oder kleine Spinnen.

Bei einer großen Terrarienanlage mit zahlreichen Tieren und genügend Platz im Zimmer bietet sich eine eigene Futtertierzucht an. Auf diese Weise ist der Grundbedarf der Tiere stets gedeckt, die Qualität der Futtertiere kann selbst beeinflusst werden – und man ist unabhängig von Lieferzeiten und Witterungen. Zum Thema „Futtertierzuchten" finden sich in der einschlägigen Literatur vielerlei Anleitungen, Tipps und Tricks erfahrener Züchter (siehe „Verwendete und weiterführende Literatur").

Zwar müssen die Frösche im Terrarium stets ausreichend gefüttert werden, aber auch nicht in zu großen Mengen, damit sie nicht verfetten. Adulte Tiere sollten 3–4 Mal, Juvenile 5–6 Mal in der Woche mit einer gerade ausreichenden Menge an Futtertieren versorgt werden. Wie groß die Futtertiermenge jeweils sein muss, bleibt auszuprobieren. Ertrinken zu viele Futtertiere anschließend im Wasserteil, muss die Zahl reduziert werden; sind nach wenigen Sekunden schon keine Futtertiere mehr sichtbar, sollte die Menge etwas erhöht werden. Man muss sich auch keine Sorgen machen, wenn sich im Terrarium eine stabile Springschwanz-Population entwickelt, an der sich die Frösche jederzeit gütlich tun können. Von dieser Kost wird kein Frosch zu dick – und Springschwänze können den Pfleglingen nicht gefährlich werden. Ein Zuviel an Grillen und Heimchen dagegen sollte abgesammelt werden, da sie, einmal herangewachsen, durchaus zu einer Bedrohung für die Frösche werden können.

Auf der Jagd: Ob die Grille den Frosch nicht erkennt?
Foto: B. Pelzer

Im Gegensatz zu vielen anderen Fröschen springen Dendrobatiden ihre Beute nicht an, sondern bewegen sich langsam auf sie zu und stoßen schließlich mit ausgefahrener Zunge zu. So auch der Marañón-Baumsteiger und die beiden anderen Arten der Gattung. Die Beute bleibt an der klebrigen Zunge hängen, wird in den Mund gezogen und verschluckt. Gelegentlich werden widerspenstige Beutetiere auch im zahnlosen Maul mit kauenden Bewegungen bearbeitet.

Während der Jagd kann oft ein Zittern oder Vibrieren einer oder mehrerer Zehen beobachtet werden. Dieses Verhalten ist auch von anderen Dendrobatiden-Arten beschrieben, zum Beispiel von *Dendrobates tinctorius*, aber nicht nur auf diese Gruppe beschränkt, sondern von mindestens sieben Froschfamilien bekannt. Was dieses Verhalten genau zu bedeuten hat, ist nicht eindeutig geklärt. Entweder ist es ein Zeichen der Erregung – dafür würde sprechen, dass die Frösche dieses Verhalten auch während der Balz zeigen –, oder es handelt sich um eine besondere Jagdtechnik. Nach Ansicht einiger Wissenschaftler wird die Beute auch durch die Zehenbewegung animiert, kurz stehenzubleiben, was den Fröschen den Angriff erleichtert. Andere Forscher sind wiederum der gegenteiligen Meinung, dass die Zehenbewegung dafür sorgt, dass die Beute sich ebenfalls bewegt und vom Frosch nun leichter erkannt wird, da er bewegte Objekte eben besser wahrnimmt als ruhende. Was auch immer dahintersteckt, es schaut einfach nett aus.

Gesundheit

Die art- und tiergerechte Haltung der Pfleglinge bildet die Grundvoraussetzung für langfristig gesunde Frösche, und diese Gesunderhaltung muss jedem Tierhalter das vorrangige Anliegen sein. Manche Pfeilgiftfrösche können unter optimalen Umständen ein erstaunlich hohes Alter von über 20 Jahren erreichen. Um für die Gattung *Excidobates* gesicherte Angaben über das Maximalalter zu machen, liegen uns bisher aber noch zu wenige Informationen vor.

Haltungsfehler sowie mangelnde Hygiene und Sauberkeit sind oftmals die Ursachen für Erkrankungen der Pfleglinge und für Verluste im Tierbestand. Bereits bei der Planung und Einrichtung eines Terrariums kann der Halter selbst die Weichen für eine gesunde Froschhaltung stellen. Dennoch ist es keinesfalls ausgeschlossen, dass es nicht auch die Besten mal trifft; selbst langjährig erfahrene Amphibienhalter sind vor der Einschleppung von Krankheitserregern in den eigenen Tierbestand nicht immer gefeit. Durch Futtertiere, Pflanzen, Erde und andere Einrichtungsgegenstände sowie selbstverständlich durch neu erworbene Frösche können auch stabile Tierbestände in Windeseile ausgelöscht werden.

Zahlreiche Parasiten, Ranaviren und der Chytridpilz sind heute allgegenwärtig in der Haltung. Umso wichtiger ist es, für neu erworbene Tiere stets eine korrekte Quarantäne durchzuführen, um den bereits vorhandenen Tierbestand, so gut es geht, zu schützen. Bei amphibienkundigen Tierärzten kann sich der Laie wertvolle Ratschläge für eine sachgemäße Quarantäne einholen. Selbstverständlich ist auch der Austausch mit erfahrenen Amphibienhaltern sinnvoll, denn ein Privathalter

Ein gesunder Frosch hat (auch wenn er wie im Bild mal verschmutzt ist) glänzende Augen, ist aufmerksam und agil Foto: D. Schulten

findet personell und räumlich ganz andere Bedingungen vor, als sie in Tierarztpraxen, bei professionellen Züchtern oder in zoologischen Einrichtungen gegeben sind. Generell gilt wie immer in der Tierhaltung: „Vorbeugen ist besser als Heilen“ – gerade bei Amphibien, bei denen im Krankheitsfall leider selten viel Zeit bleibt, um die Diagnose zu stellen und eine rasche Behandlung einzuleiten, bevor die Tiere sterben.

Generell gilt auch im Zusammenhang mit der Gesunderhaltung, dass es immer wichtig ist, sich schon vor der Anschaffung genau über die Biologie und Ansprüche der zukünftigen Pfleglinge zu informieren. Ein umfassendes Wissen um die Verhaltensweisen der Schützlinge kann den Halter und das Tier vor übereifrigem Aktionismus schützen. Allerdings führt auch anhaltender Stress im Terrarium zur Schwächung des Immunsystems, und letztlich können Amphibien hierdurch auch gegenüber sonst harmlosen Bakterien anfällig werden. Anhaltend schlechte Haltungsbedingungen (zum Beispiel ungeeignetes Terrarienklima, mangelndes Platzangebot, falsche Einrichtung, zu große Besatzdichte, falscher Besatz etc.) führen zu solchem Stress.

Wie erkenne ich eine Erkrankung?

Bei der regelmäßigen Beobachtung seiner Frösche muss der Halter stets auf alle ungewöhnlichen Verhaltensweisen und Begebenheiten achten. Dies entspricht in Teilen den Maßnahmen bei der Begutachtung der Tiere vor dem Kauf (vgl. Kapitel „Rechtliches, Erwerb, Transport und Quarantäne“), doch müssen nun auch alle weiteren Verhaltensweisen, die sich nur längerfristig im Terrarium beobachten lassen, einbezogen werden. Erfahrene Terrarianer erkennen erste Anzeichen einer Erkrankung schon frühzeitig und schaffen rasch Abhilfe. Ein Laie wird dagegen häufig nicht in der Lage sein, die Ursachen für derartige Vorfälle zu erkennen; hier ist stets ein Tierarzt zu Rate zu ziehen.

Zunächst fallen aber auch Laien die augenscheinlichen unter den vielen möglichen Symptomen auf:

- Offene Wunden. Mögliche Ursachen: Mechanische Verletzungen, bakterielle oder Pilz-Infektionen (Mykosen), Vergiftungen, Vitamin-A-Mangel.
- Prolaps des Darms oder der Harnblase. Mögliche Ursachen: Parasitenbefall, Infektionen, Proteinmangel, Stress.
- Prolaps des Magens. Mögliche Ursachen: Parasitenbefall, Überfütterung, Fremdkörper, Chytridiomykose.

Weitere Anzeichen für Erkrankungen, die erst nach einer längeren Beobachtungszeit über 2–3 Tage auffallen, sind:

- Verfärbungen, Trübungen und morphologische Veränderungen der Augen und der Haut. Mögliche Ursachen: bakterielle Infektionen, Mykosen, Vergiftungen, Vitamin-A-Mangel, Nematoden-Befall, Haltungsfehler.
- Häutungsprobleme. Mögliche Ursachen: Mykosen, Vitamin-A-Mangel, Haltungsfehler (Klima!).
- Unkoordinierte Bewegungen, Krämpfe und asymmetrische Körperhaltung. Mögliche Ursachen: Kalzium- und/oder Vitaminmangel, Infektionen, Vergiftungen.
- Nahrungsverweigerung. Mögliche Ursachen: Parasitenbefall, Überfütterung, Verstopfungen, Fremdkörper, Infektionen, Stress.
- Abmagerung trotz Futterannahme. Mögliche Ursachen: Verstopfung, Vergiftungen, Mykosen, Parasitenbefall, Leberschäden, Fremdkörper.
- Zunahme der Körperfülle durch Bauchwassersucht und andere Ödembildungen. Mögliche Ursachen: Infektionen, Nierenschäden, Unterkühlung.
- Zunahme der Körperfülle durch verhärtetes, pralles Abdomen. Mögliche Ursachen: Ver-

härtete Eimassen beziehungsweise Legenot, Parasitenbefall, Tumore.

- Länger anhaltende Inaktivität, Apathie, übermäßig langer Aufenthalt in den Versteckplätzen. Mögliche Ursachen: Überfütterung, Infektionen, Stoffwechselstörungen.
- Lang anhaltender Aufenthalt im Wasser. Mögliche Ursachen: Klimafehler, Chytridiomykose, Austrocknung.
- Erschwerte Atmung. Mögliche Ursachen: Infektionen, Parasitenbefall, Hitze- oder sonstiger Stress.
- Breiiger, unförmiger Kot. Mögliche Ursachen: Infektionen, Parasitenbefall.

Dass bei allen hier aufgezählten Anzeichen für eine Erkrankung stets mehrere Ursachen infrage kommen, stellt Tierärzte wie Halter vor Probleme – manchmal muss wie nach der Stecknadel im Heuhaufen nach den Ursachen gesucht werden. Problematisch ist es besonders, wenn mehrere Gründe für eine Erkrankung vorliegen, da dies eine gezielte Behandlung erschwert.

Hautveränderungen

Als ubiquitäre (überall vorkommende) Keime im Terrarium, die zu Hauterkrankungen führen können, sind zum Beispiel Bakterien im Wasser wie *Aeromonas hydrophila* allgegenwärtig. Die Red-Leg-Krankheit ist eine Mischinfektion und wird häufig durch solche Bakterien ausgelöst. Als äußeres Erscheinungsbild sind die Schenkel erkrankter Tiere rötlich gefärbt. Die Rotfärbung beruht auf Einblutungen in die Haut; ein ähnliches Bild mit blutunterlaufenen Hautstellen kann aber

Schimmelbildung im Terrarium (als grauer Belag auf dem braunen Stamm erkennbar) kann eine Ursache für Erkrankungen bei den Fröschen sein
Foto: S. Honigs

Auch Frösche können erfolgreich operiert werden wie hier ein Marañón-Baumsteiger mit Schilddrüsentumor. Der Frosch wird zunächst in ein Narkosebad gesetzt (hier: 3 ml Nelkenöl auf 1 l Wasser).

Der narkotisierte Frosch wird operiert und hierbei ständig mit Narkoseflüssigkeit feucht gehalten.

Der Tumor wird freigelegt.

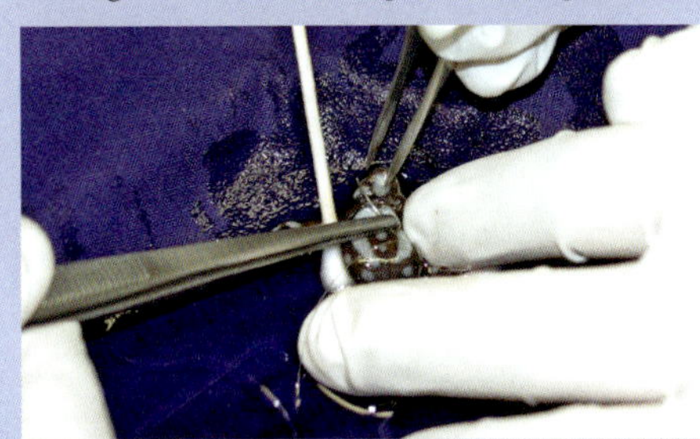

Nach der Operation wird der Schnitt wieder verschlossen. Der operierte Frosch überstand die Prozedur problemlos. Fotos: S. Honigs

auch auf andere Erkrankungen hindeuten, zum Beispiel auf eine Infektion mit Chlamydien (Bakterien) oder *Ranavirus* (Iridoviren). Um derartige Hautveränderungen zeitnah zu erkennen und rasch eingreifen zu können, ist es wichtig, seine Tiere täglich zu kontrollieren und stets gut zu beobachten, denn egal um welche Hauterkrankung es sich genau handelt: Es muss sofort ein amphibienkundiger Tierarzt aufgesucht werden. Sowohl Red Leg als auch Chlamydien und *Ranavirus* können einen seuchenartigen Verlauf nach sich ziehen. Erkrankte Tiere sind daher sofort vom restlichen Bestand zu isolieren und getrennt in einem Quarantäneterrarium unterzubringen. Aufgrund der Ansteckungsgefahr ist der übrige Bestand gut zu beobachten und im Zweifel ebenfalls zu behandeln. Ein Tierarzt sollte stets beratend zur Seite stehen.

Auch wenn zahlreiche Amphibien wie die Dendrobatiden Hautgifte besitzen, schützen diese nicht generell vor negativen äußeren Einwirkungen. Dies ist ein Trugschluss, der unter Laien weit verbreitet ist. In Feuchtterrarien ist zum Beispiel auch Schimmelbildung ein häufiges Problem und kann ebenfalls zu Hauterkrankungen bei Amphibien führen; zudem stellt Schimmel in Wohnräumen natürlich auch für den Menschen ein Gesundheitsrisiko dar. Durch angemessene Belüftung des Terrariums wird stehende Luft verhindert und dadurch die Bildung von Schimmel im Becken minimiert. Dennoch auftretender Schimmel muss sofort beseitigt werden, da er sich ansonsten rasant ausbreitet. Auch Futterreste wie abgestorbene Futtertiere müssen täglich aus dem Terrarium entfernt werden, da diese als Nährboden für Schimmelpilze dienen. Hier

Häutungsreste wie hier bei einem Landgänger am rechten Vorderbein (im Bild unten rechts erkennbar) sind nicht mit einer Erkrankung zu verwechseln
Foto: B. Pelzer

kann auch der Einsatz von tropischen Weißen Asseln helfen, die den Terrarienboden von unliebsamen Resten befreien und nebenher auch noch eine beliebte Futterquelle darstellen.

Wasserschimmelpilze sind besonders für Kaulquappen und häufig das Wasser aufsuchende Amphibien wie Molche gefährlich. So befällt der sogenannte Fischschimmel (*Saprolegnia*), der allerdings kein echter Pilz ist, auch Amphibien und bildet einen weißlichen Flaum (Myzel) auf deren Haut sowie im Maul- und Kiemenbereich. Hier kann nach Anleitung durch einen Tierarzt Abhilfe mit verschiedenen Bädern (zum Beispiel Malachitgrün) geschaffen werden. Wasserbecken, in denen eine solche Erkrankung auftritt, sind selbstverständlich gründlich zu reinigen.

Bereits Larven können schwerwiegende Erkrankungen wie Tumore haben
Foto: M. Meßing

In zu kleinen oder zu eng dekorierten Terrarien können sich Frösche manchmal durch Anspringen der Terrarienabdeckung oder harter beziehungsweise scharfkantiger Einrichtungsgegenstände verletzen. Ihre dünne Haut bietet nur wenig Schutz gegen mechanische Einwirkung von außen, und Verletzungen treten gelegentlich gerade bei aktiv springenden Arten besonders an der Nasenspitze und im übrigen Kopfbereich auf. Terrarien müssen daher stets so geräumig sein, dass die Frösche mühelos Sprünge darin unternehmen können. Auch Glasscheiben, die nicht als Hindernis wahrgenommen werden, werden manchmal unerwünscht angesprungen. Eine einfache Verkleidung der Scheibe mit Dekorationsmaterial kann hier Abhilfe schaffen.

Leichte Hautläsionen können nach Reinigung der Wunde mit einer physiologischen Kochsalzlösung mittels Salben behandelt werden. Gute Ergebnisse werden mit einfachen Wundsalben (zum Beispiel Betaisadona) oder auch dem Saft einer frischen *Aloe-vera*-Pflanze erzielt. Zu behandelnde Frösche sollten während der Einwirkzeit der Salbe 1–2 Stunden isoliert und etwas trockener gehalten werden. Kleinere Verletzungen heilen meist folgenlos ab. Bei größeren Wunden oder offenen Knochenbrüchen ist ein Tierarzt aufzusuchen, der entscheiden muss, inwieweit dem Tier noch geholfen werden kann.

Kaulquappe mit Knick im Schwanz. Liegt der Knick wie hier relativ nahe am Körper, entwickelt die Larve sich über mehrer Wochen nicht weiter und stirbt letztlich. Foto: M. Meßing

Der Chytridpilz

Weltweit fallen Amphibien seit einigen Jahren einer Hauterkrankung zum Opfer, für die es bis dato keine guten Heilungsaussichten gibt: die Chytridiomykose. Verursacht wird diese Krankheit durch den mikroskopischen Töpfchenpilz (Chytridiomycota) *Batrachochytrium dendrobatidis*. Erst 1999 wissenschaftlich beschrieben, stellt dieser höchst ansteckende Erreger die Wissenschaftler vor unzählige noch offene Fragen. Es ist unbestritten, dass dieser Pilz, auch kurz Chytridpilz oder Bd genannt, einer der Hauptfaktoren für den dramatischen Rückgang der natürlichen Amphibienbestände weltweit ist und aktuell wohl die größte Bedrohung der globalen Biodiversität durch eine Krankheit darstellt. Im Zusammenspiel mit Klimaerwärmung, Habitatverlust, Umweltverschmutzung und zahlreichen weiteren Gefährdungsfaktoren wurden in den vergangenen Jahrzehnten bereits mehrere Amphibienarten ausgerottet, und rund 40 % aller Populationen gehen – teilweise dramatisch – zurück.

Weltweite Verbreitung erfuhr der Chytridpilz vermutlich durch den Handel mit Amphibien. Der aus dem südlichen Afrika stammende Krallenfrosch *Xenopus laevis* steht unter begründetem Verdacht, heimlicher Träger des Chytridpilzes und ursächlich für dessen Verbreitung zu sein. Diese Froschart, die selbst resistent gegenüber dem Erreger ist, wurde bis in die 1960er-Jahre hinein für Schwangerschaftstests verwendet und ist bis heute ein beliebtes Labortier. Der Nordamerikanische Ochsenfrosch (*Lithobates catesbeianus*) steht ebenfalls in Verdacht, ein effizienter Überträger des Chytridpilzes zu sein, gegen den auch diese Art resistent ist. Wie der Krallenfrosch ist der Ochsenfrosch eine invasive Art und zählt zu den weltweit 100 schlimmsten Invasoren. Ochsenfrösche weisen eine hohe Infektionsrate mit Chytrid auf und wurden/

Der südafrikanische Krallenfrosch *Xenopus laevis* gilt als Überträger des gefährlichen Chytridpilzes
Foto: A. Kwet

Der Nordamerikanische Ochsenfrosch (*Lithobates catesbeianus*) ist nicht nur Überträger des Chytridpilzes, sondern auch eine invasive Art, deren Einfuhr nach Europa verboten ist
Foto: A. Kwet

werden durch den globalen Handel für den Nahrungsmittelmarkt weit verbreitet – und mit ihnen die tödliche Amphibienkrankheit. In Europa ist die Einfuhr lebender Exemplare dieser Art aus verschiedenen Gründen schon länger verboten. In Amerika besteht jedoch nicht nur das Problem, dass Ochsenfrösche aus den Zuchtfarmen entweichen konnten beziehungsweise können, sondern auch, dass andere dort heimische Tiere in die Farmen eindringen, sich anstecken und den Pilz wieder aus den Farmen heraustragen.

Die wahre Herkunft sowie der Verbreitungsweg des Chytridpilzes ist allerdings ein bis heute nicht ganz gelöstes Rätsel, und nur allmählich können Wissenschaftler die Puzzleteile zusammenfügen, die zur Klärung beitragen. So ist mittlerweile bekannt, dass es verschiedene genetische Variationen von *Batrachochytrium dendrobatidis* gibt und relativ alte Linien sowohl aus Afrika als auch Brasilien stammen. In Kultur wächst der Chytridpilz am besten bei Temperaturen zwischen 17 und 25 °C; bei 28 °C wird sein Wachstum gestoppt, und schon nach zwei Tagen bei 28 °C beginnen die Zoosporen abzusterben. Bei Temperaturen über 30 °C stirbt der Pilz sofort. In der Natur lassen sich während der kalten Jahreszeit und in Bergregionen meist höhere Infektionsraten beobachten. Betrachtet man den weltweiten Klimawandel in Korrelation zum Auftreten der Chytridiomykose, gibt es durchaus Parallelen, was aufgrund der Temperaturpräferenzen des Chytridpilzes nicht verwundern kann.

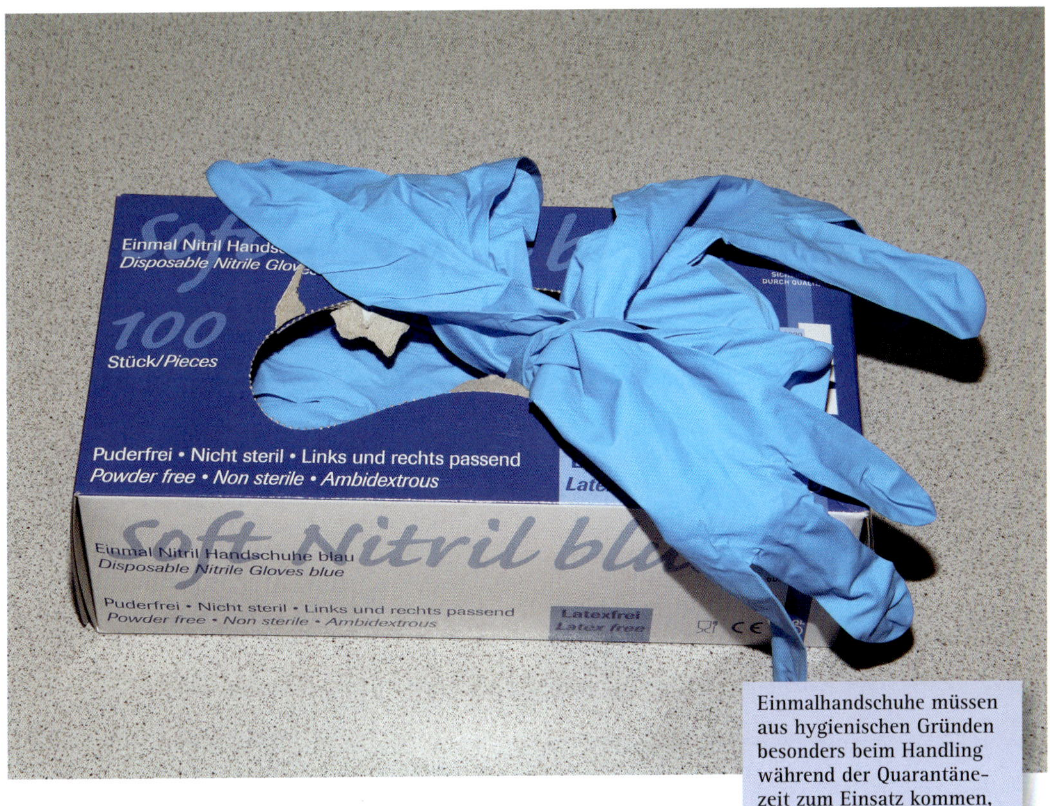

Einmalhandschuhe müssen aus hygienischen Gründen besonders beim Handling während der Quarantänezeit zum Einsatz kommen, bewährt haben sich Nitril-Handschuhe
Foto: D. Schulten

Das infektiöse Stadium des Chytridpilzes sind seine begeißelten Sporen, sogenannte Zoosporen, die frei beweglich sind und sich bei entsprechender Feuchtigkeit über das Wasser ausbreiten. Die Pilzsporen nisten sich in die keratinisierte (verhornte) Hautstruktur der Amphibien ein und führen dort zum Verlust essentieller Hautfunktionen sowie zum Versagen des Stofftransportes; auch die Barrierefunktion der Haut gegen äußere Einwirkungen wird herabgesetzt. So können Wasser und die darin gelöste Stoffe ungehindert in den Körper eindringen und dort möglicherweise toxische Konzentrationen erreichen.

Das sessile, in der Haut (Epidermis) sitzende Stadium des Pilzes heißt Zoosporangium. Aufgrund der Hautdegeneration durch den Chytridpilz weisen befallene Tiere äußerlich bald sichtbare Hautveränderungen auf und zeigen Unregelmäßigkeiten bei der Häutung. Meistens sterben die befallenen Amphibien plötzlich und in großer Zahl; erkrankte Tiere verenden oft an Herzstillstand.

Es können sowohl adulte Frösche als auch Kaulquappen von Chytrid infiziert sein; bei den Kaulquappen findet sich der Pilz aber nur in der verhornten Mundregion. Auf die Larve selbst hat der Chytridpilz relativ geringe Auswirkungen – Kaulquappen können den Erreger daher verbreiten, ohne daran zu verenden –, allerdings steigt die Sterblichkeitsrate nach einer Infektion während der Metamorphose sowie kurz danach stark an.

Das Heimtückische am Chytridpilz ist, dass er unspezifisch hunderte verschiedener Amphibienarten infiziert und andere Tiergruppen wie Flusskrebse als Zwischenwirte nutzen kann. Bei Flusskrebsen sind Ausfälle aufgrund des pathogenen Verlaufes einer Chytridinfektion dokumentiert, aber auch bei einigen Reptilien wie Anolis- und Schlangenarten wurde der gefährliche Chytridpilz bereits nachgewiesen. Reptilien könnten somit ebenfalls Überträger des Pilzes sein, ohne selbst zu erkranken.

Mittlerweile ist nachgewiesen, dass der Chytridpilz alle Amphibiengruppen befällt, neben den Frosch- (Anura) und Schwanzlurchen (Caudata) auch die Schleichenlurche (Gymnophiona). Hier fanden die Wissenschaftler infizierte Tiere sowohl im natürlichen Habitat als auch im Handel. Diese späte Erkenntnis ist wohl der verborgenen Lebensweise der meisten Schleichenlurche geschuldet. Nur etwa ein Drittel der Arten dieser Amphibiengruppe lebt zumindest zeitweise aquatisch, die restlichen leben verborgen im Boden.

Eine weitere tückische Tatsache ist, dass bei mit dem Chytridpilz befallenen adulten Tieren äußerlich oft kaum Krankheitssymptome auftreten, vor allem nicht bei Dendrobatiden. Falls doch äußere Symptome auftreten,

Praxistipp

Unserer Erfahrung nach führt Stress bei Froschlurchen zu einem rascheren Ausbruch der Krankheit. Daher werden im Aquazoo Löbbecke Museum Düsseldorf alle Tiere, die in Quarantäne kommen, für drei Wochen unter für sie suboptimalen klimatischen Bedingungen gehalten. Danach werden sie weitere drei Wochen bei rund 25 °C Raumtemperatur gepflegt. Hierdurch wird versucht, bei eventuell unerkannt befallenen Tieren durch den Stress einen Ausbruch der Chytridiomykose zu provozieren beziehungsweise die Infektion, sofern vorhanden, nachweisbar zu machen.

In speziellen Kotröhrchen lassen sich Proben sicher versenden und sollten stets beim Halter vorrätig sein
Foto: D. Schulten

können sie sehr verschiedenartig ausfallen. Wir beobachteten, dass befallene Tiere oft eine deutliche Trübung der Haut aufwiesen und die Pupille der Augen weit geöffnet war. Des Weiteren kam es zu Bewegungsstörungen, Apathie, reduzierten Reflexen und Reaktionen, unnatürlicher Körperhaltung sowie Appetitlosigkeit. Bei einem mit dem Pilzerreger offensichtlich befallenen, aber nicht sichtbar daran erkrankten *E. mysteriosus* wurden bei der Untersuchung nach Verenden dieses Tieres eingekapselte Sporen festgestellt. Ob das Tier am Chytridpilz verstarb, ist tatsächlich unklar.

Ein von Chytrid befallenes Amphib muss nicht sofort erkranken, und selbst ein negativer Chytridtest ist kein Garant dafür, dass die getesteten Individuen wirklich ohne Befall sind. Wir wiederholen während der Quarantänezeit im Aquazoo Löbbecke Museum Düsseldorf daher jeden negativen Test bei mehreren Tieren einer Gruppe mindestens ein weiteres Mal. Experten raten, bei Amphibien generell eine zweimonatige Quarantänezeit einzuhalten. Während dieser Zeit sollte der Chytridtest sofort nach Eintreffen der Tiere und mindestens noch ein zweites Mal nach sieben Wochen durchgeführt werden.

Während der Quarantänezeit ist die versehentliche Verschleppung des möglicherweise vorhandenen Chytridpilzes zwingend zu verhindern. Denn einmal in die Kanalisation gelangt, kann sich der Pilz unter Umständen in der heimischen Natur ausbreiten und großen Schaden anrichten. Alle verwendeten Gegenstände müssen daher nach Gebrauch mit heißem Wasser (mindestens 60 °C) über fünf Minuten abgespült werden. Bei der Wahl des Desinfektionsmittels muss darauf geachtet werden, dass es nicht nur gegen den Pilz, sondern auch gegen dessen Sporen wirksam ist (fungizid und sporizid). In der Amphibienquarantäne des Aquazoo Löbbecke Museum Düsseldorf wird das aktuell nicht mehr im Handel befindliche Desinfektionsmittel Anistel (High Level Surface Disinfectant) verwendet (im Bad über 30 min bei einer Verdünnung von 1 : 1.000, zur Sprühdesinfektion von 1 : 100). Wirksam gegen den Pilz sind auch 70 % Ethanol über eine Minute sowie vollständiges Austrocknen über mindestens drei Stunden und das Desinfektionsmittel F10 SC.

Abwasser und verunreinigte Materialien aus der Quarantäne (Abfälle, Kot etc.) dürfen nicht in die Umwelt gelangen, sondern werden abgekocht, mit Desinfektionsmittel versetzt und/oder verbrannt. Im Quarantäneraum muss für jedes Terrarium ein neues Paar Einmalhandschuhe verwendet werden. Hier sind Nitrilhandschuhe besonders zu empfehlen, da der Pilz auf diesem Material schnell abstirbt. Latexhandschuhe wirken auf verschiedene Kaulquappen toxisch und können daher nur bedingt verwendet werden. Auch die menschliche Haut ist aufgrund der hohen Temperatur und ihrer eigenen fungiziden Wirkung keine gute Unterlage für den Chytridpilz; er stirbt hier ebenfalls rasch ab. Allerdings wird diese Wirkung der Haut durch regelmäßiges Händewaschen und -desinfizieren stark herabgesetzt. Die Verwendung von Handschuhen ist daher generell anzuraten.

In zoologischen Einrichtungen, Universitäten, Kliniken und Labors existieren für die Quarantäne strenge Hygieneprotokolle, wie und wann entsprechende Arbeiten durchgeführt werden. Dies beginnt bereits vor Betreten des Quarantäneraums und endet erst mit der Entsorgung der Abfälle. Auch für den Privathalter ist es ratsam, sich ein den Umständen entsprechend angepasstes Quarantäneprotokoll zu erarbeiten. Um gegebenenfalls Übertragungswege später nachvollziehen zu können, ist es sinnvoll, alle Veränderungen in der Tierhaltung, der Fütterung usw. genau zu protokollieren. Hierdurch lässt sich auch Monate später noch rekapitulieren, was möglicherweise die Ursache für eine Infektion war.

Chytridtest

Das für den Chytridtest bei einem Frosch benötigte Material umfasst Einmalhandschuhe, ein kleines Eppendorfgefäß, ein steriles Wattestäbchen und etwas physiologische Kochsalzlösung. Einfacher ist die Durchführung des Tests mit zwei Personen, wobei eine den Frosch sicher festhält und die andere die Testprozedur mit dem Wattestäbchen vornimmt. Beide Personen müssen Einmalhandschuhe tragen. Sauberes Arbeiten ist wichtig!

Bevor das Tier ergriffen wird, müssen alle Materialen separat bereitstehen. In das Eppendorfgefäß wird nun etwas physiologische Kochsalzlösung gegeben, und das Wattestäbchen wird mit behandschuhten Händen ausgepackt. Bei einem adulten Frosch werden damit vorsichtig die inneren Schenkel, der Bauch, die Fußsohlen und die Flanken abgerieben. Bei Schleichenlurchen und Kaulquappen muss außerdem die Mundscheibe abgerieben werden. Dabei wird das Stäbchen so gedreht, dass die Oberfläche des Wattekopfs jeweils mit neuen Hautabstrichen in Kontakt kommt. Der benetzte Wattekopf wird nun in die Kochsalzlösung des vorbereiteten Eppendorfgefäßes eingeführt und der Stiel so abgebrochen, dass das Gefäß verschlossen werden kann. Zudem muss das Gefäß mit einer Zahl versehen werden, und auf einer der Probe beigefügten Liste sollten sich die spezifischen Angaben zur Tierart und Terrariennummer, gegebenenfalls auch zu individuellen Kennzeichen des Tieres, dem Alter usw. befinden. Für jedes Tier werden, wie beschrieben, neue Handschuhe verwendet. Die Analyse der Probe übernimmt ein darauf spezialisiertes Labor (siehe Kapitel „Weitere Informationen"). Ist das Durchführen des Tests nicht selbst möglich, kann ein amphibienkundiger Tierarzt einbezogen werden.

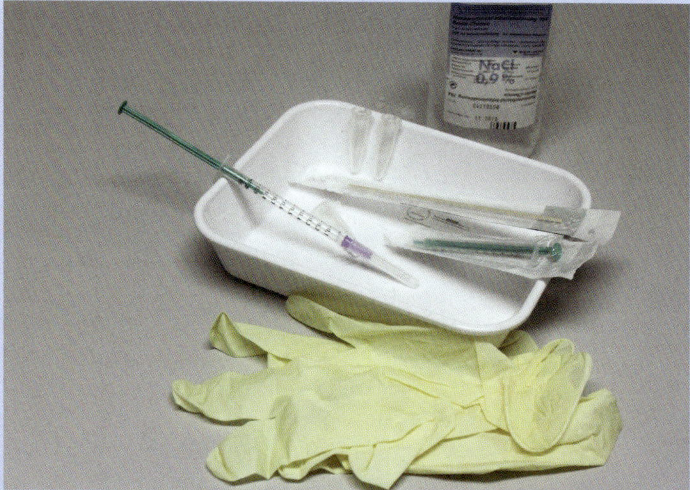

Material für einen Chytrid-Test Foto: S. Honigs

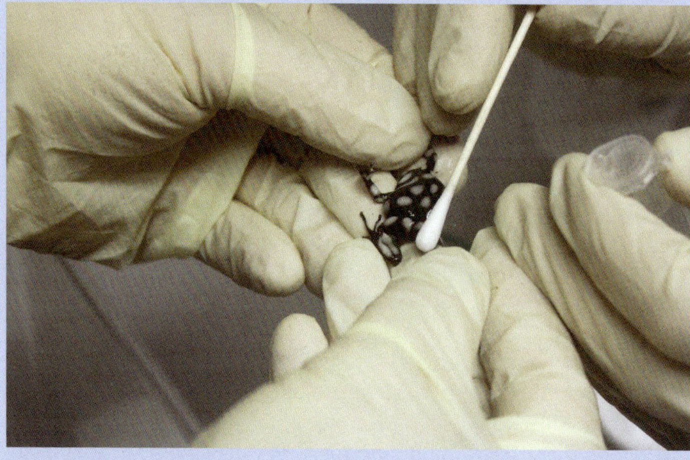

Der Chytrid-Test kann leicht auch selbst durchgeführt werden Foto: S. Honigs

Bei einem Ausbruch der Chytridiomykose muss man rasch und überlegt handeln und sollte sich umgehend mit Spezialisten in Verbindung setzen, um Ratschläge für das weitere Vorgehen einzuholen. Eine Behandlung mit dem Breitbandantibiotikum Chloramphenicol (Bad mit 20 mg/l, zusätzliche Behandlung mit isotonischer Elektrolyt-Lösung und Erhöhung der Umgebungstemperatur auf 28 °C über 14 Tage) oder dem Antimykotikum Itraconazol (Bad mit 0,0025%iger Lösung für 5 min über sechs Tage) unter Anleitung des Tierarztes kann Erfolg haben. Ein positiver Behandlungsverlauf ist jedoch nicht garantiert und muss durch weitere Tests später kontrolliert werden.

Gesunde Tiere sind der Lohn für eine gute Haltung
Foto: D. Schulten

Darmvorfall

Der Prolaps (Vorfall) des Darms ist ein gravierendes Problem, das bei Amphibien verschiedene Gründe haben kann: Zum einen kann es am falschen, meist zu großen Futter liegen. Dieser Umstand ist leicht zu ändern, indem kleinere Futtertiere gereicht werden. Bei häufigerem Auftreten von Darmvorfällen kann es sich aber auch um Anzeichen für einen stärkeren Befall mit Endoparasiten handeln. Ebenso können Stress, Infektionen und/oder Proteinmangel die Auslöser sein.

Darmvorfall ist leicht zu diagnostizieren, weil aus der Kloake ein Stück des Darms herausgetreten ist. Bei einem frischen Darmvorfall ist das Gewebe noch rosig und gut durchblutet, manchmal auch entzündlich rötlich verändert; leidet das Tier schon länger daran, kann der Darm aber auch bereits nekrotisch verändert sein und hat dann eine gräuliche bis dunkle Farbe angenommen. In letzterem Fall ist auf jeden Fall ein Besuch beim amphibienkundigen Tierarzt angeraten, der dann entscheiden muss, ob der betroffene Teil des Darms noch gerettet werden kann oder entfernt werden muss, sofern dies bei den kleinen Maßen solcher Frösche überhaupt möglich ist.

Handelt es sich um einen frischen Darmvorfall, lässt sich dieser recht häufig eigenhändig behandeln, indem das betroffene Tier separiert und das ausgetretene Darmstück einfach mit reichlich Zucker bestäubt wird. Der Darm zieht sich dadurch zusammen und meist in die normale Position zurück. Das Tier bleibt für einige Tage separiert und wird frühestens nach Ablauf von 1–2 Tagen mit besonders kleinen Futtertieren versorgt, um das Darmgewebe nicht erneut zu reizen. Sollte die Zuckerbehandlung keinen Erfolg bringen, kann der erfahrene Terrarianer auch versuchen, den Darm überaus vorsichtig mittels einer Knopfsonde zu reponieren, also mechanisch wieder in die Normalposition zu bringen. Hierzu ist die Hilfe einer zweiten Person erforderlich, die den Frosch sanft fixiert. Bei

Entnahme von Kot- und Abstrichproben

Eine sichere Diagnose von Endoparasiten ist nur durch Kot- oder Abstrichproben möglich, die bei einem Tierarzt oder einem veterinärmedizinischen Institut zur Untersuchung eingereicht werden. Solche Proben müssen sicher verpackt sein, Proberöhrchen können beim Tierarzt oder im Versandhandel erworben werden. Wenn für eine Kotprobe kein spezielles Röhrchen zur Aufnahme des Kots zur Verfügung steht, kann auch ein gereinigtes Filmdöschen oder ein ähnlicher Kleinbehälter verwendet werden. Bei den geringen Probemengen, die bei solch kleinen Fröschen auftreten, bieten sich ansonsten auch Eppendorfgefäße an. Alle Probengefäße sollten bereits beim Halter vorhanden sein und nicht erst dann besorgt werden, wenn ein Erkrankungsfall eingetreten ist.

Die Kotproben müssen möglichst frisch eingesammelt werden, dürfen also nicht vertrocknet sein, und es sollte sich so wenig Fremdmaterial wie möglich daran befinden. Um ein Austrocknen im Probengefäß zu verhindern, können dort einige Tropfen Kochsalzlösung hinzugegeben werden. Bei handelsüblichen Abstrichproben verhält es sich einfacher, da sich der Abstrichtupfer schon in einem entsprechend präparierten Röhrchen befindet. Meist wird auf den Internetseiten entsprechender Einrichtungen auch eine genaue Beschreibung zur Probenentnahme gegeben. Das Gefäß muss kurz, aber eindeutig beschriftet sein, besonders wenn mehrere Probengefäße eingereicht werden, und eine Probenliste sowie ein Vorbericht müssen beiliegen. Dieser sollte neben Tierart, Alter, Geschlecht und Herkunft die beobachteten Symptome und deren Dauer beschreiben sowie eventuelle Vorbehandlungen benennen. Auch hierzu können Informationen beim ausgewählten Institut angefordert werden. Die fertig verpackte Probe wird nun zum Tierarzt gebracht oder in einem Luftpolsterumschlag an ein zuständiges Labor verschickt.

größeren Amphibien wird hierfür auch gerne ein Wattestäbchen verwendet, welches sich bei Fröschen in Größe eines *Excidobates* aber kaum als praktikabel erweist. Sollte sich nicht binnen kurzer Zeit ein Erfolg einstellen, ist unbedingt ein Tierarzt aufzusuchen, damit der betroffene Teil des Darms nicht abstirbt.

Sollte man generell unsicher sein, ist ein Besuch des Tierarztes ebenfalls angeraten und in jedem Fall dem Experimentieren vorzuziehen, denn dem betroffenen Tier ist nicht geholfen, wenn es dabei verletzt wird. Für den Besuch des Tierarztes bietet es sich an, auch eine möglichst frische, nicht eingetrocknete Kotprobe mitzunehmen, die zusätzlich auf Parasitenbefall kontrolliert werden kann.

Neben dem Darmvorfall gibt es manchmal auch Magen- und Blasenvorfälle. Diese sind selten und sollten nicht selbst behandelt werden, da die Blase noch viel empfindlicher gegenüber Verletzungen ist als der Darm und das Reponieren des Magens mehr Fingerfertigkeit erfordert als das Zurückschieben des Darms.

Parasitenbefall

Ein unbehandelter Parasitenbefall kann rasch höchst unangenehme Ausmaße annehmen und zu drastischen Verlusten im Tierbestand führen. Leider wird ein solcher Befall häufig erst dann diagnostiziert, wenn ein oder mehrere Frösche bereits verstorben sind. Um das zu verhindern, müssen die Tiere regelmäßig ausgiebig beobachtet werden. Dabei sollte man auf Außenparasiten (Ektoparasiten, die auf der Haut sitzen), aber auch auf Verhaltensänderungen wie Apathie oder Abmagern achten. Machen die Frösche einen abgemagerten Eindruck, kann es sich um einen Befall mit Endoparasiten (Parasiten im Körperinneren) handeln. Um diesen Befund abzuklären, müssen aber Kotproben durch einen spezialisierten Tierarzt untersucht werden (siehe Kasten). Endoparasiten können nur vom Fachmann erkannt und sicher bestimmt werden.

Bei einem gesunden Tier ist der Kot nicht breiig oder matschig, sondern wohlgeformt. Zwar erkennt unter dem Mikroskop unter

Umständen schon der Laie, dass sich da kleine Würmer in der Kotprobe bewegen, aber nur ein Tierarzt oder Biologe kann sicher feststellen, um welche Gruppe von Parasiten es sich hierbei handelt. Der Tierarzt untersucht die mitgebrachte oder auch eingesandte Kotprobe auf mögliche Parasiten und entscheidet je nach Befall, welche Medikamente verabreicht werden müssen. Die Liste der parasitierenden Lebewesen scheint endlos, und praktisch jeder Teil eines Frosches kann infiziert sein, von der Haut angefangen (zum Beispiel Egel, Zecken, Milben) bis hin zu allen inneren Organen, die vor allem von Würmern wie Nematoden, Flagellaten, aber auch von Egeln und diversen anderen Parasiten befallen sein können.

Während der Behandlungszeit sollten die Tiere in einem Quarantäneterrarium untergebracht sein; alle Verfahrensweisen, die schon im Kapitel „Rechtliches, Erwerb, Transport und Quarantäne“ beschrieben sind, gelten bis zur vollständigen Genesung der Tiere auch hier. Nach Beendigung der Behandlung und einer Quarantänezeit von wenigstens sechs Wochen sollten erneut Kotproben entnommen und geprüft werden, um sicherzugehen, dass die Patienten wirklich gesund sind.

Während der Behandlungs- und Quarantänezeit muss aber auch das eigentliche Terrarium gründlich gereinigt und desinfiziert werden, alle Pflanzen mit anhaftender Erde werden entfernt, ebenso der gesamte Bodengrund. Die Eier von diversen Parasiten können im Boden sehr lange überdauern, und ohne diese Maßnahme würden sich die Frösche erneut infizieren. Bei einer Desinfektion des Terrariums ist natürlich zu beachten, dass die Bewohner nach dem Wiedereinzug keinen Kontakt mit dem Desinfektionsmittel haben, weshalb das Becken gründlich auszuspülen ist. Bei manchen Parasiten kann es auch hilfreich sein, das Terrarium vollständig austrocknen zu lassen.

Bei allen Erkrankungen darf nicht vergessen werden, dass es auch zu sogenannten Zoonosen kommen kann. Zoonosen sind Krankheiten, die auf natürlichem Wege von Tieren auf den Menschen übertragen werden können. Dies ist zwar nicht sehr wahrscheinlich, aber möglich und kann unter Umständen sehr unangenehm werden – sei es nur, dass sich eine kleine Wunde an der Hand mit Mikroorganismen aus den Terrarien infiziert und daraufhin stark entzündet.

Deformationen und Missbildungen

Die bekannteste Deformation bei Pfeilgiftfröschen ist das Auftreten von Streichholzbeinchen (engl. „Spindly Leg Disease“, SLD). Wie der Name schon sagt, sind bei diesem Phänomen die Beine, und zwar die Vorderbeine, nicht ausreichend entwickelt oder fehlen völlig. Dies macht ein Überleben der Jungfrösche kaum möglich, und es muss dementsprechend über eine Euthanasierung nachgedacht werden.

Auf die Vermeidung von Streichholzbeinchen wurde bereits in den Kapiteln zur Ernährung und bei „Aufzucht der Kaulquappen und Jungfrösche“ eingegangen; hier darf

Bei dieser Kaulquappe haben sich die Hinterbeine nicht entwickelt
Foto: M. Meßing

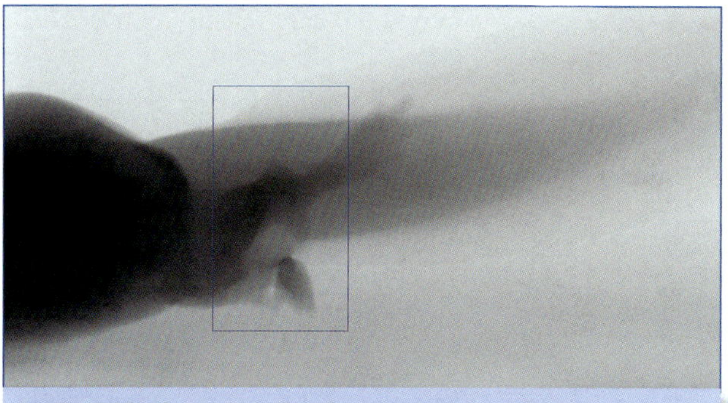

Im CT-Bild erkennt man bei dieser Kaulquappe bereits eine Deformation der Unterschenkel.

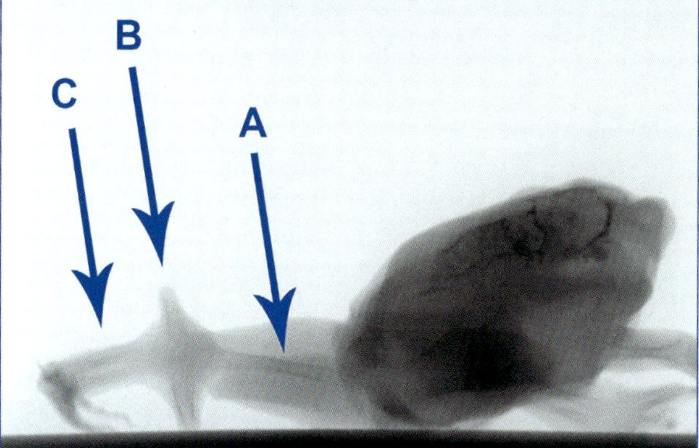

Hier ist die Deformation des Unterschenkelknochens (B: Tibiofibula) selbst für das ungeübte Auge eindeutig zu sehen (A: Femur; C: Calcaneus [Tibiale und Fibulare]). Der Frosch hatte eine Körpergröße von ca. 1 cm.

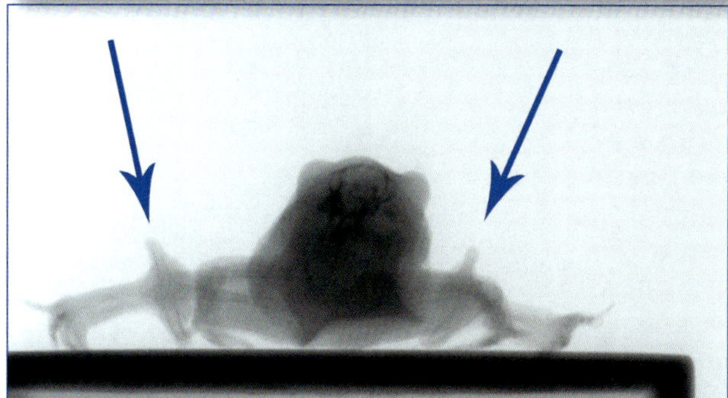

Die beschriebene Deformation tauchte immer beidseitig auf.
Fotos: J. Zäh, Hochschule Düsseldorf, Labor Form + Struktur, Kooperationsprojekt der Fachbereiche Design und Architektur

nicht unerwähnt bleiben, dass neben der Möglichkeit eines Ernährungsfehlers noch weitere Gründe für die Ausbildung von Streichholzbeinchen diskutiert werden. Bereits erwähnt wurde, dass Fehler bei der Temperierung während der Kaulquappenaufzucht zu diesem Phänomen führen können, aber auch mangelhafte Ernährung, mangelnde Hygiene, falsche Wasserqualität, zu kleine Aufzuchtbehälter, mangelnde UV-Beleuchtung und genetische Ursachen werden als Gründe angeführt. Vielleicht handelt es sich auch um ein Phänomen, das mehrere Ursachen gleichzeitig hat. Hier bedarf es noch weiterer Forschungsarbeit.

Bei guter und abwechslungsreicher Ernährung der Elterntiere ist die Anzahl missgebildeter Jungtiere meist gering und liegt bei höchstens 1–2 %. Neben SLD treten bei jungen Marañón-Baumsteigern gelegentlich aber noch andere Missbildungen auf, zum Beispiel können auch die Hinterbeine oder ein Auge fehlen. Dies kann möglicherweise auf eine zu lange Legephase der Muttertiere hindeuten, weil die Qualität der Eier im Laufe einer Legeperiode abnimmt. Daher sollte man seinen Fröschen entsprechend den natürlichen Bedingungen im Habitat eine durch den jahreszeitlichen Wechsel induzierte Legepause gönnen. Zu Beginn der folgenden Fortpflanzungsperiode hat sich die Eiqualität oft wieder

Deformationen kommen während der Entwicklung immer wieder vor, so können ganze Gliedmaßen wie hier die Arme fehlen
Foto: M. Meßing

erholt, und die Zahl der Missbildungen geht gegen Null. Die Muttertiere bleiben insgesamt auch gesünder, wenn sie nicht das ganze Jahr über unter permanentem Laichstress stehen.

Fehlende Gliedmaßen können zudem auf manuelle Verletzungen von (älteren) Kaulquappen während des Reinigens der Aufzuchtbehälter zurückzuführen sein. Einen kurzen Augenblick nicht aufgepasst – und schon ist es passiert: Die filigranen Beinchen sind verletzt oder im schlimmsten Fall amputiert! Manchmal wachsen solcherart beschädigte Hinterbeine teilweise oder sogar vollständig wieder nach, je nachdem, wie lange die weitere Larvalentwicklung noch Zeit dafür lässt. Ist die Metamorphose aber erst einmal erreicht, ist das Nachwachsen amputierter Extremitäten bei den Fröschen nicht mehr möglich.

Eine interessante Deformation, die bei uns einmal auftrat, für die wir aber noch keine klare Ursache angeben können, stellte sich wie folgt dar (siehe auch Bilderserie auf Seite 100): Sobald in der Larvalentwicklung die Hinterbeine sichtbar wurden, entwickelten diese unnatürliche Größenverhältnisse, indem die Unterschenkel im Vergleich zu Oberschenkeln und Füßen deutlich zu kurz erschienen. Während der weiteren Metamorphose wurde dies immer deutlicher, und schließlich bildeten sich am Ende der Entwicklung auf der Ober- und Unterseite des jeweils verkürzten Unterschenkels undefinierbare, spitz zulaufen-

Dieser Kaulquappe fehlte der rechte Hinterfuß. Die Larve entwickelte sich trotzdem gut weiter, ...

... nur zeigte der Jungfrosch einen deformierten Hinterfuß. Das Tier kann mit seiner Behinderung ohne Probleme leben. Fotos: M. Meßing

de Auswüchse. Erst in der computertomographischen Aufnahme eines verstorbenen Tieres wurde der Sachverhalt deutlich, dass sich nämlich Tibia und Fibula (die bei Fröschen miteinander verwachsenen Unterschenkelknochen) nicht in der normalen Wuchsrichtung, sondern quer dazu entwickelt hatten und dadurch nun weit über die normalen Konturen des Beines hinausragten. Femur (Oberschenkelknochen) und Tarsus (Fußwurzelknochen), die proximal beziehungsweise distal (oberbeziehungsweise unterhalb) daran angrenzten, erschienen normal, während Knie- und Fußgelenk funktionslos waren. Die betroffenen Tiere starben meist direkt nach der Metamorphose.

Wir können zwar keine sichere Erklärung anbieten, doch fiel mit dem ersten Auftreten dieser Deformation die Tatsache zusammen, dass bei der Herstellung eines neuen Vorrats der im Kapitel „Die Ernährung – von der Kaulquappe bis zum adulten Frosch" beschriebenen Leberpaste keine Leber aus biologischer, sondern nur Putenleber aus konventioneller Haltung verfügbar war. Die Fehlbildung tauchte zum ersten Mal nach dem Verfüttern dieser Paste auf, andere Parameter waren nicht verändert worden. Die beschriebene Deformation könnte durch die in der konventionellen Lebensmittelindustrie verwendeten Futtermittelzugaben oder eingesetzten Medikamente ausgelöst worden sein. Da sie gleichzeitig in zwei Zuchtgruppen von *E. mysteriosus* und zudem bei einigen Larven in einer *Phyllobates-terribilis*-Zuchtgruppe auftauchte, ist eine genetische Ursache auszuschließen. Nachdem wir die Paste abgesetzt hatten, entwickelten sich alle Nachzuchten wieder normal. Dieser Fall zeigt, dass die Verwendung einwandfreier, biologisch wertvoller Futtermittel durchaus von Vorteil sein kann.

Manchmal treten innerhalb einer Zucht aus ungeklärter Ursache in größerem Umfang amelanistische Kaulquappen auf. Diesen Tieren fehlen die dunklen Körperpigmente; sie sind daher recht hell. Bei Betrachtung der Unterseite kann man ihre inneren Organe hervorragend beobachten, sogar das schlagende Herz ist zu erkennen. Solche Larven entwickeln sich meist langsamer als normalfarbige Geschwister, dunkeln zwar noch etwas nach, sterben jedoch spätestens kurze Zeit nach der Metamorphose und lange vor Erreichen der normalen Körpergröße.

Auch für zwei weitere Fehlbildungen, die in frühen Larvenstadien gelegentlich auftreten, haben wir noch keine Erklärung. In einem Fall quillt der Körper der betroffenen Kaulquappen so stark (ödematös) auf, dass die dünne Haut bald nur noch als eine unklare Begrenzung erkennbar ist. Im zweiten

Fall kommt es vor, dass sich der sonst ovale Larvenkörper tropfenförmig verändert, als würde das Tier extrem abmagern, obwohl es doch im Futter schwimmt. In beiden Fällen tritt ein Entwicklungsstopp ein, der sich über mehrere Tage oder Wochen hinziehen kann, bis die betroffenen Kaulquappen sterben. Haben *Excidobates*-Larven die ersten zwei Lebenswochen gemeistert, tritt dieses Problem meist nicht mehr auf.

Auch nach der Metamorphose zum juvenilen Frosch kann es manchmal zu einer ödematösen, der Bauchwassersucht (Aszites) ähnlichen Deformation kommen, die möglicherweise im Zusammenhang mit einem Nematoden-Befall der Nieren steht. Solche Tiere, die meist sterben, sollten von anderen Jungfröschen räumlich getrennt werden, um ein Verschleppen der Erreger zu vermeiden.

Selbst tumorähnliche Veränderungen können bei einzelnen *Excidobates* auftreten. Sie können verschiedenste Ursachen haben, seien es Ödeme in Haut und Organen, seien es verhärtete Eier, oder sei es ein Futtertier, das in eine Stimmritze gelangt ist. Was letztendlich die Ursache ist, lässt sich für Laien naturgemäß kaum feststellen, und so ist auch in solchen Fällen der Besuch eines Tierarztes zu empfehlen.

Kein Grund zur Besorgnis besteht dagegen, sollten sich Kaulquappen aus demselben Gelege unterschiedlich schnell entwickeln. Es kann durchaus vorkommen, dass jüngere Tiere aus einem später abgesetzten Gelege früher die Metamorphose beenden als jene aus einem älteren Gelege. Auch aus Spätentwicklern werden meist ganz normale gesunde Frösche.

Der tote Frosch

Selbst der erfolgreichste und gewissenhafteste Tierhalter kann nicht verhindern, dass seine Pfleglinge, wie alle Lebewesen, irgendwann einmal sterben. Ist das nach einer entsprechenden Lebensspanne der Fall, muss man sich keine Sorgen machen und sollte nur im Vorfeld dafür Sorge tragen, dass die nächste Generation schon in den Startlöchern steht. Stirbt ein Frosch jedoch jung und unerwartet, kann es ratsam sein, die Todesursache abzuklären. Der Kadaver oder eine Organprobe sollte dann unverzüglich an ein entsprechendes Institut geschickt werden, da der Amphibienkörper in kürzester Zeit verwest und Tierarzt, Biologe oder Pathologe dann keine Möglichkeit mehr haben, die Todesursache festzustellen.

Bei größeren Fröschen können nach dem Tode Organproben entnommen werden, doch da die Vertreter der Gattung Excidobates sehr klein sind, kann dem Laien davon nur abgeraten werden. Sich in einem so kleinen Körper zurechtzufinden und die richtigen Organe zu entnehmen, ist nicht einfach. So sollte hier besser der komplette Körper versendet oder zum Tierarzt gebracht werden. Hierzu wird der Kadaver in einem sicher verschlossenen, wasserdichten Gefäß oder Beutel verpackt. Damit er nicht austrocknet, sollten zusätzlich ein oder zwei Blätter feuchtes (nicht nasses!) Küchenpapier beigelegt werden. Der Beutel wird nun im Idealfall in einer kleinen Styroporbox zusammen mit einigen Kühlakkus per Express an das Labor verschickt oder persönlich zum Tierarzt gebracht.

Manche Institute bevorzugen teils unterschiedliche Konservierungsmethoden bei der Einsendung. Dies lässt sich auf den entsprechenden Internetseiten oder mit einem kurzen Anruf klären. In allen Fällen sollte der Einsendung ein kurzer Bericht hinzugefügt werden, in dem nicht nur die Tierart und das Todesdatum, sondern auch Auffälligkeiten, die letzte Fütterung oder eventuell durchgeführte Behandlungen beschrieben werden. Die Probengefäße beziehungsweise -beutel selbst werden mit der Tierart und Form der Probe (ganzer Körper oder welches Organ) sowie der Konservierungsmethode beschriftet.

Amphibienschutz und Ausblick

Die Welt der Amphibien ist zahlreichen Gefährdungsfaktoren ausgesetzt. Der in diesem Buch sehr ausführlich beschriebene Chytridpilz ist nur eine schwerwiegende Bedrohung, aber bei weitem nicht die einzige. Schon in den 1980er-Jahren hatten vermutlich die Goldkröte (*Incilius periglenes*) und einige Harlekinfrösche wie *Atelopus ignescens* oder *A. longirostris* dem Chytridpilz nichts entgegenzusetzen und verschwanden von unserem Planeten. Ursachen für das Aussterben dieser und weiterer Amphibienarten war jedoch nicht der Pilz alleine. Zahlreiche durch den Menschen verursachte Veränderungen schaden den Amphibienpopulationen weltweit, und viele Faktoren begünstigen sich gegenseitig. Unter dem Begriff „Amphibian Decline“ wird dieses weltweite Sterben der Amphibien seit Jahren in Fachkreisen diskutiert. Zu den wichtigsten Faktoren, die die Aussterbewelle begünstigen, zählen neben dem Chytridpilz und anderen Erkrankungen die globale Erwärmung beziehungsweise der Klimawandel, die allgemeine Umweltverschmutzung, Habitatverluste, der Einsatz von Pestiziden, die Bebauung und dadurch Isolation von Populationen sowie invasive Arten, die einheimische Amphibien verdrängen oder Krankheiten übertragen.

Selbstverständlich ist jedem Terrarianer bewusst, weshalb Amphibien überaus schützenswert sind. Neben ihrer unglaublichen Vielfalt, der faszinierenden Lebensweise und ihrer skurrilen bis plakativen Schönheit sind sie ein wichtiges Bindeglied innerhalb der Ökosysteme – und Amphibien haben noch viel mehr zu bieten, zum Beispiel:

- Amphibien sind Nahrungsgrundlage für zahlreiche Tierarten.
- Amphibien vertilgen unzählige Insekten, die unter anderem potentielle Krankheitsüberträger sind (Malaria, Leishmaniose, Gelbfieber).
- Amphibien sind biologische Indikatoren, das heißt, durch einen Rückgang ihrer Populationen zeigen sie negative Veränderungen in ihrem Ökosystem an.
- Amphibien dienen aufgrund ihres besonderen Bauplans Ingenieuren als Vorbild (Bionik).
- Ihre Hautsubstanzen können wichtige Wirkstoffe für Heilmittel enthalten (Pharmazie).
- Amphibien sind überaus wichtig für das Verständnis der Evolution.
- Amphibien haben in zahlreichen Ländern kulturelle Bedeutung.

Es gibt also viele gute Gründe, um die Welt der Amphibien aktiv zu schützen!

Engagierte Privathalter und -züchter können gemeinsam mit Wissenschaftlern und zoologischen Einrichtungen dazu beitragen, dass Amphibienarten vor der endgültigen Ausrottung gerettet werden können. Dabei darf der illegale Handel mit seltenen Amphibienarten keinesfalls unterstützt werden. Tiere, die aber durch Beschlagnahmungen in unsere Hände geraten, sollten unbedingt zur Nachzucht gebracht werden, um weitere illegale Exporte aus dem Heimatland unnötig zu machen.

Aus diesem Grund haben wir uns entschieden, unsere Erfahrungen und Erkenntnisse über *Excidobates mysteriosus* in diesem Buch zu verbreiten, um dazu beizutragen, dass der Bestand dieser Froschart in menschlicher Obhut möglichst lange stabil bleibt. Bei Tierarten, die ein sehr kleines Verbreitungsgebiet besiedeln, kann kaum von einer Wiederansiedlung gesprochen werden, sobald das Habitat verschwunden ist. Umso wichtiger sind Backup-Populationen in Menschenhand.

Jeder Einzelne, auch der Nicht-Amphibienhalter, kann seinen Anteil zum Amphibienschutz durch einen geringen Beitrag leisten. Sei es durch Errichtung eines kleinen amphibiengerechten Feuchtbiotops im eigenen Garten, durch Aufklärungsarbeit, Umstellung mancher bequem gewordener Lebensgewohnheiten zum Schutz des Klimas und der Umwelt oder sei es durch direkte finanzielle und tatkräftige Unterstützung von Amphibienschutzprojekten vor Ort. Wenn Menschen hinschauen und jetzt handeln, haben Amphibien noch eine Chance!

Danksagung

Wir möchten uns an dieser Stelle bei all jenen bedanken, die dieses Buchprojekt unterstützt haben. Allen voran seien hier unsere Ehepartner und Familien erwähnt, die unsere Vorliebe für die Welt der Amphibien geduldig ertragen und zugunsten der Frösche zeitweise auf unsere Gesellschaft verzichten. Dieter Schulten danken wir für die zahlreichen wunderbaren Fotos und seine unendliche Geduld. Mark Pepper und Bred Wilson sowie Thomas Ostrowski danken wir für viele tolle Fotos von *E. mysteriosus* und *E. captivus* und deren Lebensräume. Im Speziellen möchten wir auch Jochen Zäh, Hochschule Düsseldorf (Labor Form + Struktur, Kooperationsprojekt der Fachbereiche Design und Architektur), danken, der es uns möglich gemacht hat, einige computertomographische Aufnahmen von verstorbenen Tieren zu erstellen. Des Weiteren bedanken wir uns bei unserem Lektor Dr. Axel Kwet, dem Grafiker Mirko Barts sowie dem gesamten Team des Natur und Tier - Verlags in Münster für die gute Zusammenarbeit und die Möglichkeit, dieses Projekt zu realisieren.

Marañón-Baumsteiger
Foto: M. Pepper

Ein fürsorgliches Männchen von *Excidobates mysteriosus* beim Transport seiner Kaulquappen
Foto: M. Meßing

Weitere Informationen

Zur Vertiefung der in diesem Buch gegebenen Informationen und zum weiteren Einblick in terraristische und herpetologische Themenbereiche empfehlen sich die Mitgliedschaft in einem Verein gleichgesinnter Terrarianer sowie ein intensives Literaturstudium. Die folgenden Auflistungen sollen dabei behilflich sein, einen Einstieg in die Thematik zu finden, können aber natürlich nur einen kleinen Ausschnitt aufzeigen.

Vereine und Interessengruppen

Deutsche Gesellschaft für Herpetologie und Terrarienkunde e. V. (DGHT)

Die Deutsche Gesellschaft für Herpetologie und Terrarienkunde ist mit über 6.000 Mitgliedern die weltweit größte Gesellschaft ihrer Art und bringt Wissenschaftler und Hobby-Terrarianer zusammen. Mitglieder erhalten zweimonatlich verschiedene herpetologisch/terraristische Zeitschriften wie die „TERRARIA/elaphe" oder die „Salamandra". Innerhalb der DGHT existiert die AG Anuren (www.anuren.de), deren Mitglieder sich vor allem mit tropischen Pfeilgiftfröschen (Dendrobatiden), aber auch mit anderen Froschlurchen beschäftigen. Die AG leistet einen wichtigen Beitrag zum Artenschutz, insbesondere durch die Unterstützung von Erhaltungsnachzuchten und durch die Ausarbeitung von Haltungsrichtlinien, und sie veranstaltet jährliche Fachtagungen mit eigenen Froschbörsen.

DGHT-Geschäftsstelle

Postanschrift:
DGHT e.V., Postfach 120433
68055 Mannheim
Tel.: 0621-86256490
E-Mail: gs@dght.de

DGHT-AG Anuren

Ulrich Schmidt
Bergheimer Str. 108
41515 Grevenbroich
Tel.: 02181-62263
Email: ulrich@schmidtshome.de
www.anuren.de

Vivaristische Vereinigung e. V. (ViVe)

ViVe – Geschäftsstelle
Töpferstr. 12
40593 Düsseldorf
E-Mail: gs@viveweb.de
www.viveweb.de

Stiftung Artenschutz

Sentruper Straße 315
48161 Münster
Tel.: 0251-8570057 oder 8570054
Fax: 0251-8570053
E-Mail: office@stiftung-artenschutz.de
www.stiftung-artenschutz.de

Zoologische Gesellschaft für Arten- und Populationsschutz e. V. (ZGAP)

Dr. Florian Brandes
Hohe Warte 1
31553 Sachsenhagen
Tel.: 05725-708730
Fax: 05725-708740
E-Mail: info@zgap.de
www.zgap.de

Untersuchungsstellen

Kotproben, Sektionen und andere Untersuchungen können von spezialisierten Tierärzten oder von veterinärmedizinischen Untersuchungsstellen, die es in vielen Städten gibt, vorgenommen werden. Eine Liste mit Tierärzten, die sich mit Reptilien und Amphibien beschäftigen, kann über die DGHT bezogen oder auf www.dght.de eingesehen werden. Überregional bekannt sind z. B. folgende Einrichtungen:

Landesbetrieb Hessisches Landeslabor
Abteilung Veterinärmedizin
Schubertstraße 60 – Haus 13, 35392 Gießen
Tel.: 0641-48005219
tobias.eisenberg@lhl.hessen.de
www.lhl.hessen.de

Exomed
Schönhauser Str. 62, 13127 Berlin
Tel.: 030-51067701
E-Mail: labor@exomed.de
www.exomed.de

Chemisches und Veterinäruntersuchungsamt Ostwestfalen-Lippe
32758 Detmold
Tel.: 05231-9119
E-Mail: poststelle@cvua-detmold.nrw.de
www.cvua-owl.de

IDEXX Laboratories Deutschland
Mörikestraße 28/3
71636 Ludwigsburg
Tel.: 069153253290
E-Mail: hotline-germany@idexx.com
www.idexx.eu/deutschland/products-and-solutions/reference-laboratory
(für privat nur über Ihren Tierarzt)

Artenschutzfragen

Bundesamt für Naturschutz
Artenschutzvollzug
Konstantinstr. 110, 53179 Bonn
Tel.: 0228-8491-1311
E-Mail: citesma@bfn.de
www.bfn.de

Lufttransporte

www.petshipping.com
http://www.iata.org/whatwedo/cargo/live-animals/Pages/index.aspx

Zeitschriften

REPTILIA, TERRARIA/elaphe
Terraristik-Fachmagazine
erscheinen je sechs Mal jährlich,
mit Internetportal für Kleinanzeigen
Natur und Tier - Verlag GmbH
An der Kleimannbrücke 39/41
48157 Münster
Tel.: 0251-133390
E-Mail: verlag@ms-verlag.de
www.reptilia.de

SAURIA
Terraristik und Herpetologie
erscheint vier Mal jährlich
Terrariengemeinschaft Berlin e.V.
Bruno Treu
Gardes-du-Corps 12
14059 Berlin
E-Mail: abo@sauria.de
www.sauria.de

Interessante Internetseiten

http://www.iucnredlist.org/search
http://www.amphibianark.org
http://www.amphibiaweb.org
http://www.dendrobase.de
http://www.dendrobates.org
http://www.frogs-friends.org

Verwendete und weiterführende Literatur

AKERET, B. (2008): Pflanzen im Terrarium. – Natur und Tier - Verlag, Münster.

ALMENDÁRIZ, A.C., S.R. RON & J.M. BRITO (2012): Una especie nueva de rana venenosa de altura del género *Excidobates* (Dendrobatoidea: Dendrobatidae) de la Cordillera del Cóndor. – Papéis Avulsos de Zoologia, Museu de Zoologia da Universidade de São Paulo, 52(32): 387–399.

BAUER, L. (1986): A new genus and a new specific name in the dart poison frog family (Dendrobatidae, Anura, Amphibia). – Ripa, November 1986: 1–12.

– (1988): Pijlgifkissers en verwanten: de familie Dendrobatidae. – Het Paludarium 1: 1–6.

– (1994): New names in the family Dendrobatidae (Anura, Amphibia). – Ripa, Fall 1994: 1–6.

BRUSE, F., M. MEYER & W. SCHMIDT (2008): Futtertiere. 2. Auflage. – Chimaira, Frankfurt.

DAVID, R. (2011): Bau einer Terrarienanlage für Pfeilgiftfrösche. – DRACO 48: 26–32.

CLOUGH, M. & K. SUMMERS (2000): Phylogenetic systematics and biogeography of the poison frogs: evidence from mitochondrial DNA sequences. – Biological Journal of the Linnean Society 70: 515–540.

COPE, E.D. (1865): Sketch of the primary groups of Batrachia Salientia. – Natural History Review, New Series, 5: 97–120.

– (1867): On the families of the raniform Anura. – Journal of the Academy of Natural Sciences of Philadelphia. Series 2, 6: 189–206.

CUVIER, G.L.C.F.D. (1797): Tableau e'le'mentaire de l'histoire naturelle des animaux. – Baudouin, Paris.

DALY, J.W., C.W. MYERS & N. WHITTAKER (1987): Further classification of skin alkaloids from Neotropical poison frogs (Dendrobatidae), with a general survey of toxic/noxious substances in the Amphibia. – Toxicon 25: 1023–1095.

–, H.M. GARRAFFO, T.F. SPANDE, C. JARAMILLO & A.S. RAND (1994a): Dietary source for skin alkaloids of poison frogs (Dendrobatidae)? – Journal of Chemical Ecology 20: 943–955.

–, F. GUSOVSKY, C.W. MYERS, M. Yotsu-Yamashita & T. YASUMOTO (1994b): First occurrence of tetrodotoxin in a dendrobatid frog (*Colostethus inguinalis*), with further reports for the bufonid genus *Atelopus*. – Toxicon 32: 279–285.

–, H.M. GARRAFFO & C.W. MYERS (1997): The origin of frog skin alkaloids: an enigma. – Pharmaceutical News 4: 9–14.

–, H.M. GARRAFFO, T.F. SPANDE, V.C. CLARK, J. MA, H. ZIFFER & J.F. COVER (2003): Evidence for an enantioselective pumiliotoxin 7-hydroxylase in dendrobatid poison frogs of the genus *Dendrobates*. – Proceedings of the National Academy of Sciences 100(19): 11.092–11.097.

–, SPANDE, T.F., & H. M. GARRAFFO (2005): Alkaloids from Amphibian Skin: A tabulation of over eight-hundred compounds. – Journal of Natural Products 68: 1.556–1.575.

EISENBERG, T. (2004): Der Blaue Pfeilgiftfrosch. – Natur und Tier - Verlag, Münster.

FRIEDRICHS, U. & W. VOLLAND (2005): Futtertierzucht. – Ulmer, Stuttgart.

FROST, D.R. (2017): Amphibian Species of the World: an Online Reference. Version 6.0 (Zugang am 16. August 2017). – http://research.amnh.org/herpetology/amphibia/index.html.

GOSNER, K.L. (1960): A simplified Table for staging anuran embryos and larvae with notes on identification. – Herpetologica 16(3): 183–190.

GRANT, T., D.R. FROST, J.P. CALDWELL, R. GAGLIARDO, C.F.B. HADDAD, P.J.R. KOK, D.B. MEANS, B.P. NOONAN, W.E. SCHARGEL & W.C. WHEELER (2006): Phylogenetic systematics of dart-poison frogs and their relatives (Amphibia, Athesphatanura, Dendrobatidae). – Bulletin of the American Museum of Natural History 299: 1–262.

Kassat, M. (2008): Haltung und Zucht des „mysteriösen" Pfeilgiftfrosches *Dendrobates mysteriosus* Myers, 1982 im Terrarium. – Elaphe 1/2008: 28–36.

Lötters, S. (2000): Pfeilgiftfrösche – eine Einführung in die Biologie, Systematik und Verbreitung. – DRACO 3: 4–15.

–, K.-H. Jungfer, F.W. Henkel & W. Schmidt (2007): Pfeilgiftfrösche, Biologie, Haltung, Arten. – Chimaira, Frankfurt.

Mebs, D. (2010): Gifttiere. 3. Auflage. –WVG, Stuttgart.

Monsalve Pasapera, S. (2011): Habitat utilization of the endemic poison dart frog *Excidobates mysteriosus* in north-western Peru. – Master Thesis, Linköping Universtity, Department of Physics, Chemistry and Biology, 19 S.

Myers, C.W. (1982): Spotted poison frogs: Description of the three new *Dendrobates* from Western Amazonia, and resurrection of a lost species from „Chiriqui". – American Museum Novitates 2721: 1–23.

Ostrowski, T. (2017): Eine neue Lokalvariante von *Excidobates mysteriosus* im Norden Perus. – TERRARIA/elaphe 66: 30–33.

Roberts, J.L., Brown, J.L., von May, R., Arizabal, W., Presar, A., Symula, R., Schulte, R. & K. Summers (2006): Phylogenetic relationships among poison frogs oft the genus *Dendrobates* (Dendrobatidae): a molecular perspective from increased taxon sampling. – Herpetological Journal 16: 377–385.

Santos, J.C., L.A. Coloma & D.C. Cannatella (2003): Multiple, recurring origins of aposematism and diet specialization in poison frogs. – Proceedings of the National Academy of Science 100: 12.792–12.797.

Schmidt, W. & F.W. Henkel (2008): Pfeilgiftfrösche. 2. Auflage. – Chimaira, Frankfurt.

Schulte, R. (1990): Redescubrimiento y redefinicion de *Dendrobates mysteriosus* (Myers 1982) de la Cordillera del Cóndor. – Boletin de Lima 70: 57–68.

– (1999): Pfeilgiftfrösche. Artenteil Peru. – INIBICO, Waiblingen.

Silverstone, P.A. (1975): A revision of the poison arrow frogs of the genus *Dendrobates* Wagler. – Natural History Museum of Los Angeles County Science Bulletin 21: 1–55.

– (1976): A revision of the poison arrow frogs of the genus *Phyllobates* Bibron in Sagra (family Dendrobatidae). – Natural History Museum of Los Angeles County Science Bulletin 27: 1–53.

Symula, R., R. Schulte & K. Summers (2003): Molecular systematics and phylogeography of Amazonian poison frogs of the genus *Dendrobates*. – Molecular Phylogenetics and Evolution 26: 452–475.

Twomey, E. & J.L. Brown (2008): Spotted poison frogs: rediscovery of a lost species and a new genus (Anura: Dendrobatidae) from Northwestern Peru. – Herpetologica 64: 121–137.

Vences, M., J. Kosuch, S. Lötters, A. Widmer, K.-H. Jungfer, J. Köhler & M. Veith (2000): Phylogeny and classification of poison frogs (Amphibia: Dendrobatidae), based on mitochondrial 16S and 12S ribosomal RNA gene sequences. – Molecular Phylogenetics and Evolution 15: 34–40.

–, –, R. Boistel, C.F.B. Haddad, E. La Marca, S. Lötters & M. Veith (2003): Convergent evolution of aposematic coloration in Neotropical poison frogs: a molecular phylogenetic perspective. – Organisms Diversity & Evolution 3: 215–226.

Wagler, J. (1830): Natürliches System der Amphibien, mit vorangehender Classification der Säugthiere und Vogel. Ein Beitrag zur vergleichenden Zoologie. – J.G. Cotta, München, Stuttgart, Tübingen.

Wagner, D. (2008): Der Färberfrosch. – Natur und Tier - Verlag, Münster.

Wilms, T. (2013): Terrarieneinrichtung. – Natur und Tier - Verlag, Münster.

Wirth, M. & F. Riedel (2011a): Die Zucht von Pfeilgiftfröschen. – REPTILIA 90: 16–23.